住宅设计的34个法则

住得优雅

凤凰空间·北京 译

U0283915

［日］中山繁信 著

住まいの礼節——設計作法と美しい暮らし

江苏凤凰科学技术出版社

南京

图书在版编目（CIP）数据

住得优雅：住宅设计的34个法则／（日）中山繁信
著；凤凰空间·北京译. -- 南京：江苏凤凰科学技术
出版社，2014.8
　ISBN 978-7-5537-3606-8

　Ⅰ．①住… Ⅱ．①中… ②凤… Ⅲ．①建筑设计－日
本－现代－图集 Ⅳ．①TU206

中国版本图书馆CIP数据核字(2014)第177569号

SUMAI NO REISETSU － SEKKEI SAHO TO UTSUKUSHII KURASHI
by NAKAYAMA Shigenobu
Copyright © 2005 NAKAYAMA Shigenobu
All rights reserved.
Originally published in Japan by GAKUGEI SHUPPANSHA, Kyoto.
Chinese (in simplified character only) translation rights arranged with
GAKUGEI SHUPPANSHA, Japan
through THE SAKAI AGENCY and BARDON-CHINESE MEDIA AGENCY.
版权合同：江苏省版权局著作权合同登记图字：10－2014－142

住得优雅——住宅设计的 34 个法则

著　　　者	[日]中山繁信
译　　　者	凤凰空间·北京
项 目 策 划	凤凰空间·北京
责 任 编 辑	刘屹立
特 约 编 辑	张伟怡

出 版 发 行	江苏凤凰科学技术出版社
出版社地址	南京市湖南路1号A楼，邮编：210009
出版社网址	http://www.pspress.cn
总 经 销	天津凤凰空间文化传媒有限公司
总经销网址	http://www.ifengspace.cn
印　　　刷	河北京平诚乾印刷有限公司

开　　　本	889 mm×1 194 mm　1/32
印　　　张	6.5
字　　　数	104 000
版　　　次	2014年8月第1版
印　　　次	2020年11月第5次印刷

标 准 书 号	ISBN 978-7-5537-3606-8
定　　　价	39.80 元

图书如有印装质量问题，可随时向销售部调换（电话：022-87893668）。

前言

　　我喜欢"凛然"这个词，喜欢挺直腰身、精神抖擞的感觉，虽然有些逞强，但感觉还不错。在日常生活中，虽然时刻紧绷神经会让我们感觉很累，但即便是无聊散漫的时候，内心的某个角落也总是希望能够凛然面对一切。如果身体和心灵总是处于松弛的状态，会让人觉得厌恶。

　　住宅也是如此。如果一味求方便，便会沦为无趣。因此，我想掌握使住宅舒适的学问，并且对住宅灌注温柔的情感。

　　《不会失败的住宅攻略》、《低成本住宅》、《窄房宽住》等有关住宅 "舒适攻略"技巧的书籍在坊间广为流传。

　　听到这样动人的话难免心动，此乃人之常情。然而，并非总有如此好事。

　　进行设计调整，虽不能像变魔术一样，将小房子变成大房子，但仍能解决诸多问题，增大有效居住空间。

　　充分利用空间固然重要，然而，考虑如何可以住得更舒适这个问题，仿佛更有意义。

本书并不是以向那些将要选择住宅、建造住宅的人们介绍"舒适魔法攻略"为目的而写的。

相反，我希望通过本书，大家能够思考一个问题：如何建造一个真正舒适的住宅。同时，本书在容易出现的误区方面也给予了一些建议。

现在，重新对周边的环境进行观察我们会发现，由于价值观的多元化，我们对住宅的想法以及周围的景观和环境问题都呈现出一种混乱局面。

我并不是想否定任何事物都有其自由度，但身处这个社会，我们每一个人还是要谨慎，以防出现超越这个度的任性行为。

为了使我们的居住环境更加美好、舒适，我们每一个人都必须有礼，遵循这个有节度的社会。

书名"住得优雅"便包含了这样的含义和希望。

如果牢记书中所写内容，哪怕只有一次机会，您的"住居创造"都不会是失败之作。

不仅如此，我相信大家一定会建造出完美的住宅并拥有美好的家庭生活。

目录

第一章

建造住宅时不要心急

1

● 一是取消要求，二是推后需求

——设计就是锁定需求和要求

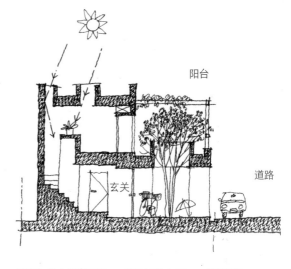

阳台

道路

玄关

道路和住宅的截面图 一楼是开放空间，二楼是阳台。

　　衣、食、住是人类赖以生存所必不可少的三个要素。其中，又数"住"的问题最为复杂。

　　尤其在日本，买房子并不是一件容易的事情。然而人们为了生存下去必须要有房子，并且考虑到家人的未来，不得不下定决心，"买下这生平最贵之物"。

　　这样一来，无论是谁都会非常谨慎，"不允许自己失败"。

临街的正面 平时用来停放自行车，雨天时作为孩子们的游乐场所等空间，用途多元。

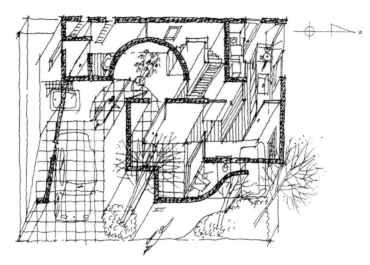

第一种方案 南侧设置为停车场，北侧设置为庭院，由于两者分开建造，两个空间进行了细致划分，因而显得非常狭窄。

人们常这样说，"如果不盖上三次，便无法得到满意的房子"。然而我认为，岂止是三次，无论盖多少次，都无法得到心满意足的房子。

这是因为，人类的"欲望"和"梦想"会如泉水般无止境地涌现，因此能够满足所有这些条件的住宅是不可能存在的。

人生中只要有一次建造自己住宅的机会，就是幸福的。若真能拥有这样一次千载难逢的机会，自然会对房子注入无数梦想。然而，梦想未必能够实现，因此才被称之为梦想。

总而言之，拥有好住宅的秘诀并不在于它能够满足你多少需求，而在于它能够锁定你多少要求。

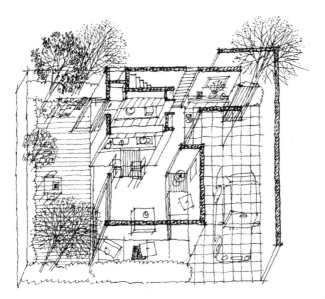

第二种方案 南侧设置为庭院，北侧设置为停车场。然而南侧的庭院太小，从起居室就可以看到前面住户的内部，影响美观。

对无限膨胀的要求进行目标锁定，我们便能够认清自己真正所需的东西。

为了创造一个优质的住宅，我们要锁定自己现阶段必须满足的要求和需求，将剩下的需求推后。然而，不要把这些保留下来的部分视为无法实现的部分，而是要将它们视为"梦想"，期待着某天能够实现。

也就是说，我们不要把许多梦想横着一字排开，而是要把它们竖着排成一列去考虑。梦想并不能够一下子全部实现，而是要根据家庭的构成情况和经济状况，按照先后顺序去实现，这才是拥有优质住宅的秘诀。

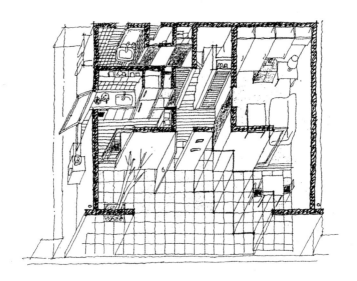

第三种方案 / 一楼俯视图 该方案不拘泥于方位，将房子的正面设置在面对道路的一侧，且不设置停车场。路旁留有多用途的开放空间，庭院里种植弗吉利亚栎树作为纪念。

有这样两个概念——"骨架（skeleton）"和"填充物（infill）"。简而言之，"骨架"就是结构构架，放入其中的东西便是"填充物"。首先完成结构构架，然后再根据需求慢慢增加所需的空间。

与这种概念一样，先完成房屋的构造、屋顶和外墙等重要的部分，在次要的内部装修上无需花费太多，待日后慢慢对其进行填充。这样便建成了符合当前要求的住宅。

这里所举的例子是几经设计调整后的住宅。起初的第一种方案（12页）和第二种方案（13页）就是注入了太多需求的套餐式住宅。可想而知，起居室、厨房、餐厅等，都会变得非常狭窄，无法拥有充分的空间。

对所有条件进行整理并分析后，我们发现停车场和庭院之间的关系成了设计的关键所在。于是，我们便产生了这样的疑问，难道要因为车子而使日常生活变得拘束吗？

如果不再设置停车场和带草坪的庭院会如何呢？相信生活中，不会有人从早到晚地看着洒满阳光的庭院，或者是看着停在玄关前通道上的煞风景的汽车吧。

汽车停放在门前，的确会很方便。然而，若是考虑到一周才开一次汽车，那么会不会觉得自己好像是在停车场生活呢？

这样想来，我们便决定租借附近的停车场，将车子停放在外面，重新对房子进行设计（第三种方案）。

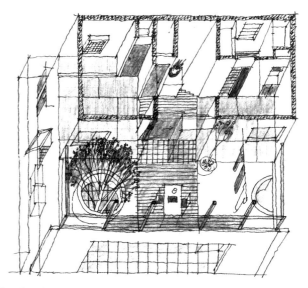

第三种方案 / 二楼俯视图　将一楼开放空间的上层改成露台，并在二期施工时改建为阳台。

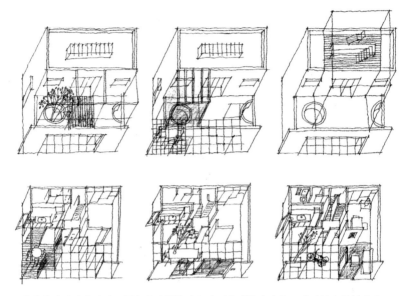

未来扩建改建的方案 因家庭成员构成和生活方式发生变化而设计的多种扩建改建方案。上下一组，上排是二楼部分，下排是将开放空间改为房间时的设计。

这样一来，房子前面多了宽敞的开放空间，心情也变得舒畅许多。

这片开放空间可以作为孩子们放置自行车的场所。雨天时还可以作为放置雨伞或晾干雨伞的场所，五颜六色的雨伞像花儿一样绽放，十分漂亮。有时候，这片开放空间甚至可以作为打乒乓球的场所，或者作为招待朋友的烧烤好去处。

此外，这里还是同街坊邻居聊天的场所，渐渐地增加了同街坊邻居之间的往来。

不必多说，将这个空间作为人们交流的温馨场所，显然比用作停车场更具意义。

聚会场景 有时一家人在这片开放空间进行烧烤，有时同街坊邻居聚餐。

如果当初将这个空间设置成停车场，也许这种与街坊邻居之间的温暖情谊便不会产生了。

正面 平时，这片开放空间用来停放自行车。

2 ● 注重质还是注重量

——成本均衡很重要

简约呈现的外观 开敞的前院种了具有代表性的树木。

建造优质住宅时，家庭成员要团结一致。如果每个人都主张要满足自己的希望或要求，那么住宅建设便只会沦为一场夺阵游戏。

然而无论是谁，在建造住宅时，都会抱有期待。"无论如何都想实现多年的梦想"乃人之常情。

要求和希望太多是一个问题，更严重的问题是，还会经常附带这样一句话："尽量宽敞一点"、"尽量多一点"。于是，建筑面积和地板面积增加，与此相应，工程费用也会变为原来的两三倍。

物品的成本由质和量共同来决定。如果不想减少要求，为了不超出预算就只能降低品质。这样的话，建筑上所有重要的结构材料、内部装修材料以及各种设备等都必须降低品质，这会引发许多重大问题。

若要满足自己全部的欲望，自然只能得到"廉价房"，即"廉价的住宅"。这点应该没有必要再做说明。

这样一来，人们自然不会对住宅拥有深厚的感情，也懒于对其进行整理和打扫。在脏乱和受损的恶性循环下，最终该住宅只能沦为失败之作。

南侧的外观 外面的格栅上或攀爬许多植物，或挂上苇帘等，可调整光照和视线。

玄关门廊为连接通道和庭院的素土地面空间

这个 LDK（起居室 + 餐厅 + 厨房）
空间主要用于做饭和用餐

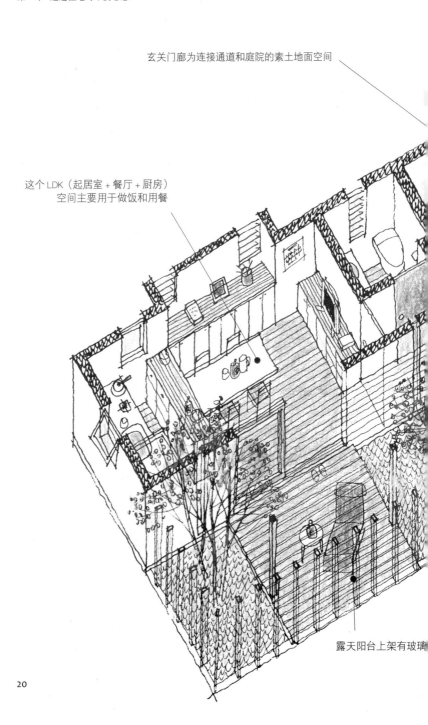

露天阳台上架有玻璃

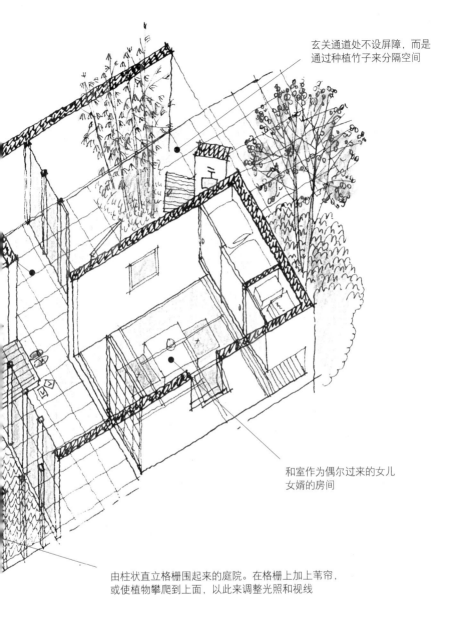

玄关通道处不设屏障，而是
通过种植竹子来分隔空间

和室作为偶尔过来的女儿
女婿的房间

由柱状直立格栅围起来的庭院。在格栅上加上苇帘，
或使植物攀爬到上面，以此来调整光照和视线

一楼平面图 在简单的矩形平面中，将玄关通道和庭院以雁行阵的方
式排列。榻榻米房间被素土地面分隔，像是脱离尘世的安静客厅。

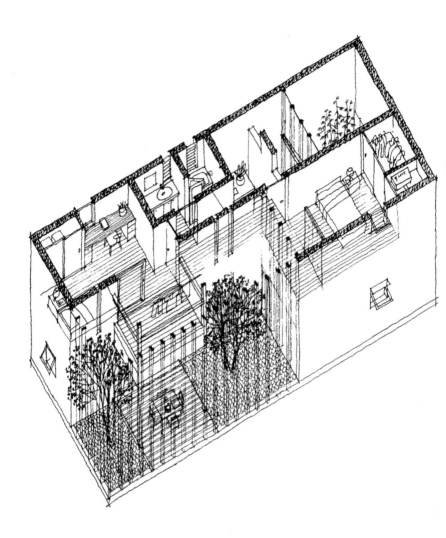

二楼俯视图 二楼为私人空间。庭院是柱状格栅隔成的半户外空间。

关键之处不是实现所有的愿望，而是锁定真正有必要的需求。时刻不忘要建造一个高品质的舒适住宅，这样做才是上上策。

这一部分所列举的住宅（20—22 页），是为那些从事教职工作多年的教员在退休后能够安享晚年而设计的。整体外观呈简单的长方体状，半户外空间的玄关通道和庭院以雁行阵的方式排列。

从照片和外部也许很难看到，室内的墙壁只简单地贴了胶合板（五合板）。

然而，这个住宅的特点是，将成本投入在从外观和内部都看不出来的结构构造上面，这一点非常难得。

该住宅虽为木造，却打了比普通住宅强两倍的地基，尽量采用大的构件材料，而且多采用抗震墙壁和耐压地板，提高耐用性和抗震性，以使该住宅能够长久居住。

被柱状格栅围起来的半户外空间　一楼是露台，二楼是晾衣处和阳台。

3● 未完成蕴含无限可能性

——具有发展潜能的住宅最好

半户外空间上面的玻璃屋顶 从路边抬头仰望看到的。

　　每种方案都一样，建造住宅时不仅要符合既定的预算，还要考虑基地上布满法律条框的限制条件。

　　同时，还要满足客户的无数的想法和希望。

　　所谓设计就是，在这些限制条件和可能性之间找到平衡，创造出符合该环境的舒适住宅。

　　然而现实总是不尽如人意，总会留下许多无法实现的需求。

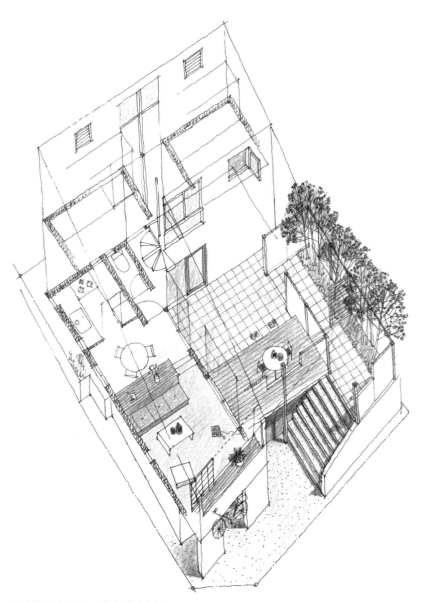

充满期待的方案 该住宅基地本身高
出道路 2 米左右，北侧为道路，中央
为架有玻璃屋顶的中庭。

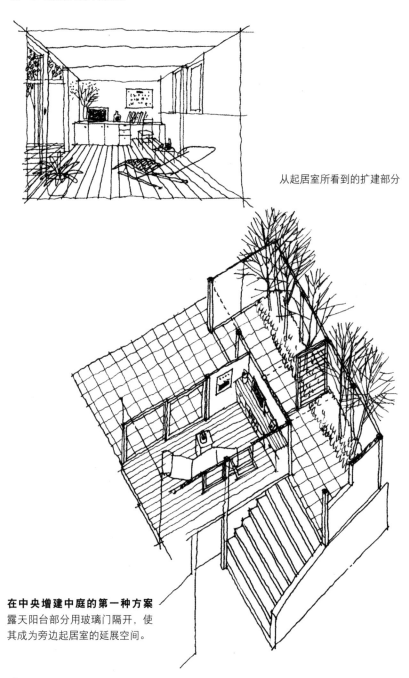

从起居室所看到的扩建部分

在中央增建中庭的第一种方案
露天阳台部分用玻璃门隔开，使
其成为旁边起居室的延展空间。

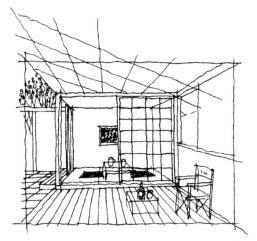

从起居室所看到的增建和室

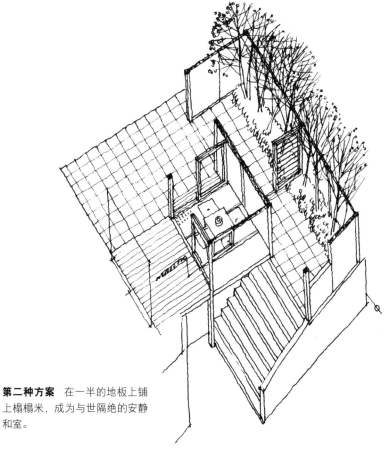

第二种方案　在一半的地板上铺上榻榻米，成为与世隔绝的安静和室。

然而，不要消极地认为这部分是"无法实现的愿望"，而应该乐观地期待，享受这些空间在未来可能产生的可能性。

留下未能完成的部分，并不是一件坏事。

如果把预算之外的部分随意加在既定预算中，那么自然会导致建筑品质的下降。

相反，如果等到真正需要时再增建房间，才会得到符合用途的空间，不至于浪费。

当然，"未完成"的意思并不是指将房屋结构或屋顶修建一半，因为这样会导致房屋漏雨、损坏。

暂时保留未能完成的部分，对于这些留待将来再做的部分，留下线索和空间，这样才能构建既节约成本又舒适的空间。

"未完成"的意思并不是"不完整"，而是把更多可能性遗留到未来。房屋在建成后便开始老化。然而，我们应该这样想，未完成的住宅今后将会朝着要完成的目标不断发展。

第二章

避免一成不变

4 ● 北侧也能受到光照——巧妙利用柔和的间接光

　　我们一般认为，南侧的光照比北侧好。在这里，我们要对这个常识进行一些修正。

　　如31页右图所示，假定该地周围没有任何建筑物，那么，该地的日照量以及日照时间便同南北方向无关，无论哪处都是相同的。

　　可以说，我们的住宅基本上全被房子包围。即使幸运，现在住宅的旁边有一片空地，在不久的将来，也一定会被盖上房子。

住宅基地逐渐走高的地势

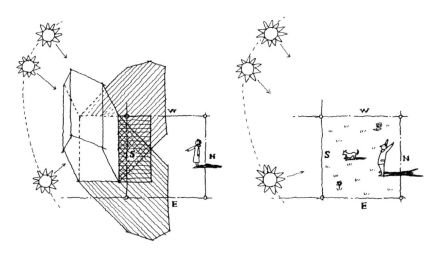

基地南侧有建筑物时的光照情况 基地南侧有阴影的时间偏多，北侧的光照反而比较好。

基地周围一无所有的空地状态 白天全天都日照充足。

　　这种情况如 31 页左图所示，基地南侧会受到前方住宅的影响，白天会一直处在阴影之下。因此，即使在南侧设庭院种上草坪，由于处在南侧房子的阴影下，植物最终仍会因光照不足而枯萎。

　　这样看来，认为南侧光照一定好的这种想法其实过于草率。

　　只站在自家的基地上看方位的话，可以称之为南侧、北侧。然而若是从后方的相邻基地上来看，这里的北侧对于他们来说便是南侧。这同看房屋风水时的原理是一样的。

　　32 页的图便是考虑到这种情况而设计的一种方案。

　　这个房子在改建之前，由于原先的房子是紧挨着北侧所盖的，因此南侧庭院所受光照并不好，绝对算不上是一个好的环境。于是趁着改建，

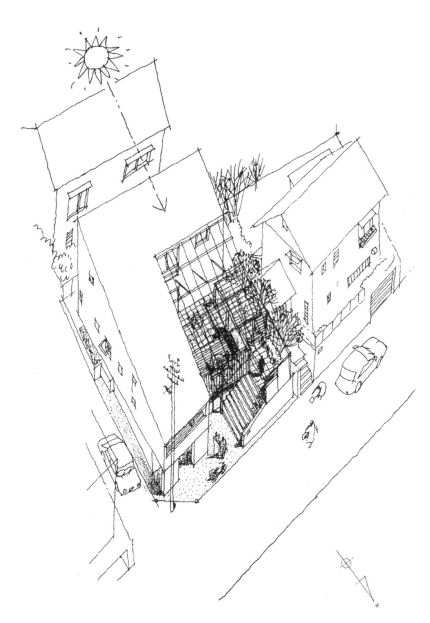

将建筑物往南靠，庭院设在北侧的住宅

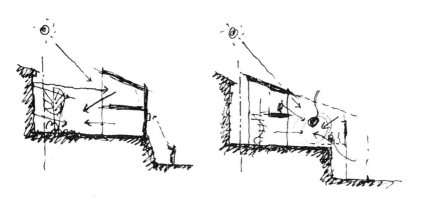

基地与住宅的截面图 左图将建筑物往北靠，把庭院设在南侧；右图将建筑物往南靠，并设置一个中庭，使其不受周围环境影响。

下定决心将整个房子往南靠，并在北侧设置中庭。这样一来，便同预想的一样，直射日光射到北侧的墙壁上，柔和的间接光洒满整个中庭，并且这柔和的阳光还被引入起居室。这样一来，不仅解决了隐私问题，也不用再看周围杂乱的景观了。

而且，由于在中庭的上方加上了玻璃屋顶，即使是雨天，中庭也可以作为室内空间来使用，这样生活空间便得到扩展。

如果稍作修改，还可以改建为书房和家务间等。

楼梯间 简单的钢筋制旋梯和百叶玻璃窗，通风和光效果非常好，使中庭显明亮

玄关 玄关被玻璃窗包围，犹如日光室一样

中庭 可以当成前廊、露台，或者起居室的延展空间等，用途多元化

剖面透视图 阳光和微风仿佛打通了住宅中央的楼梯间，在这里"自由往来"。

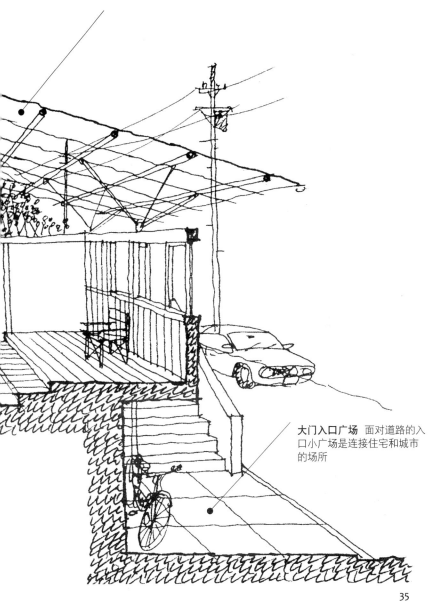

玻璃屋顶 使用玻璃屋顶覆盖中庭，人们可以不受天气影响享受这半户外空间的生活

大门入口广场 面对道路的入口小广场是连接住宅和城市的场所

5 ● 柔和的间接光可达的背阴处也不错

—— 并非只有南侧的采光好、日照足

从堤坝上的樱花树下眺望

随着季节的变换和时间点的不同，阳光呈现出各种各样的姿态。

建造住宅时，人们最喜欢的光线便是直射日光。能够拥有沐浴着和煦阳光的住宅，这不仅是憧憬，也是梦想。

可是，在日本，住宅面积日趋紧张，并非所有基地都能够受到直射日光的青睐。有"阳"便有"阴"，住宅难免有日光照射不到的地方。然而，若是不得已必须住在这样背阴的地方，也无需过于悲观。

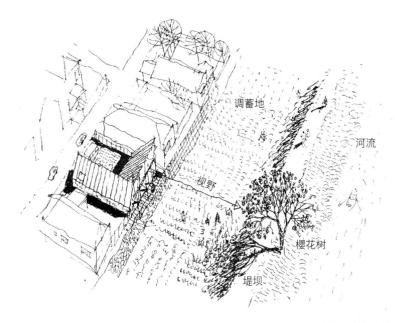

周围的环境 西侧是将来也不会修建建筑物的调蓄地，再往西是河流，使得西侧拥有充满自然风情的优美环境。

并非只有直射日光才是光线。阳光过强反而对身体不好。

柔和的漫反射间接光以及透过百叶窗和树叶间缝隙漏进来的阳光非常柔美，即使是阴天，有时也会温柔地照射着我们和植物。有时候待在树荫下和绿荫处，觉得心情非常舒畅，这是再好不过的了。即使是那令人讨厌的落日，若换个角度将其看成是夕阳，也会觉得别有风情。

并且，太阳东升西落，阳光并非全部来自正南方向。而且根据季节和时间点的不同，阳光照射的角度也会发生变化。

因此，即使基地条件并不好，但若考虑全面，将计就计巧妙利用周边情况，也能建造出舒适的住宅。

是的，我们若被"采光要选择南边"这种固定观念束缚住，便会忽略掉基地本身所特有的趣味性。

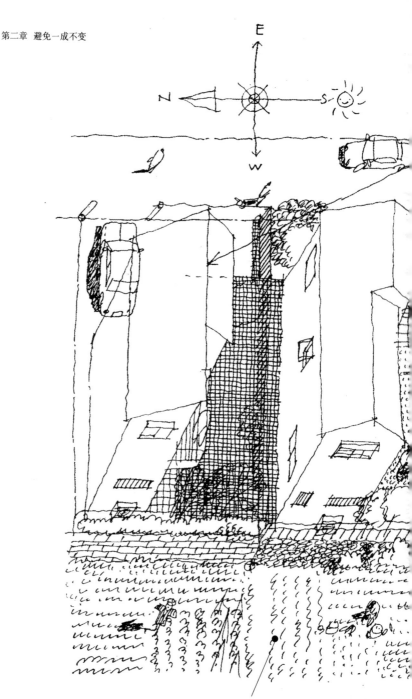

调蓄地是防备河水泛滥的国有土地，将来也不会建造建筑的地块，因此可以作为附近居民的家庭菜园来使用

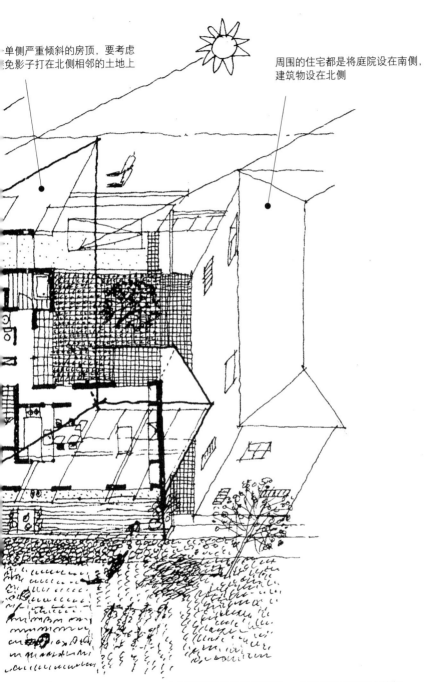

单侧严重倾斜的房顶，要考虑避免影子打在北侧相邻的土地上

周围的住宅都是将庭院设在南侧，建筑物设在北侧

面向西侧的建筑物的鸟瞰图　N 住宅呈现由两面大的倾斜房顶连接而成的形态。

这里有一个比较好的例子（38—39页）。建筑物西侧开放，视野开阔。附近的河流和调蓄地，地理条件极具优势，绿化环境非常好。建筑物便巧妙地利用了这个条件。

然而，西边西晒给人的不好的印象总是挥之不去。我在这里换了个角度思考，西晒也是夕阳，并且将它想象成为美丽的日落，这样便极富韵味，于是便将住宅面西而设。

在这里住下以后，便会发现其实并没有想象中严重，因为只有在夏天的某些时刻才会西晒。而且，在春秋两季，无论是在早上还是中午，住户都可以在西侧的阳台上欣赏到充满生机的美丽景色。

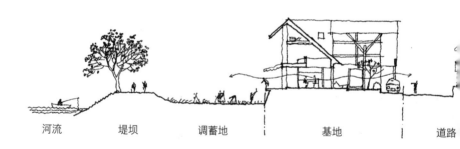

河流　　　　　堤坝　　　　　调蓄地　　　　　基地　　　　　道路

河流、调蓄地和基地的关系 巧妙利用方位来设计景观，调蓄地也可作为家庭菜园使用。

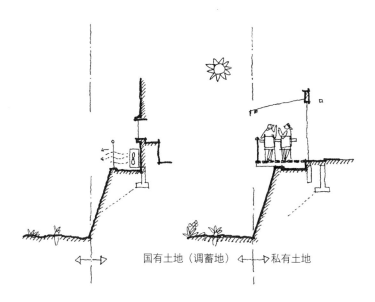

国有土地（调蓄地） 私有土地

基地的大部分界线都在防护墙的下边 左图为一般的基地和建筑物，右图为该住宅的情况。充分利用西侧空间，使露台向外突出直至基地界线处。

进一步说，建筑物面西而设，可将主卧安置在西侧，由此便无需抬高北侧建筑物的地基，这样北侧房屋便会相对较低，打在北侧相邻地块上的阴影也可缩至最小。

如此为邻居着想的做法，对于长期维护友好关系是非常重要的。

有效利用西侧基地所修建的露台

6 ● 确保充足光照的方法

——了解基地的特点

在房屋和高级公寓的租赁广告中，"房间位于东南角，光照非常好"等居住环境好的，自然人气很高，价钱也会相应较贵。

可是近几年，确保充足光照变得越来越困难。各地都出现了反对高楼建设的运动，成了一个比较普遍的社会问题，而其主要原因便是日照权问题。

相信大家也经常目睹自家住宅附近发生的此类事情。

如果某处房子准备出售，不动产商便买下这块土地，对土地进行分割后再进行出售。于是原先的一整块土地被分割成三十坪（约99平方米）、四十坪（约132平方米）不等大小的住宅。也就是说，在一栋房子的基地上修建出三栋或者四栋房子。

可想而知，开放空间率下降，住宅开始变得拥挤、混乱，采光也变得不好。加上树木等绿色植物变少，导致居住环境变差。于是，便形成了我们现在这样的住宅环境。

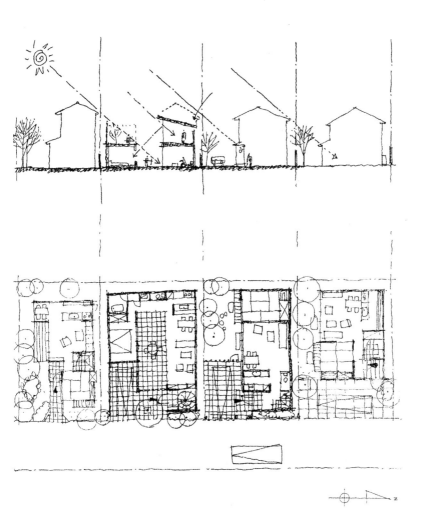

典型住宅地上的建筑物分配　依旧将庭院设置在南侧、建筑物设置在北侧。其中，框出来的部分是不易受到南侧房子影响的一个设计方案。

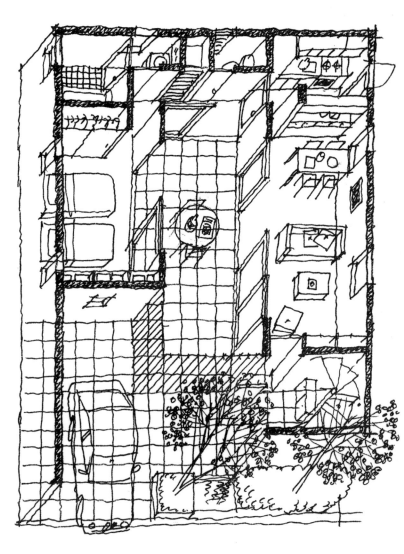

防止光照受到附近建筑物影响的平面分配图 中庭在中间，南侧（左侧）是卧室，北侧是带有楼梯井的起居室。

商品房的布局几乎都是"往前排"式，也就是一个房子连着一个房子。住宅全部坐北朝南。当然，南侧的阳光会比较好。然而，若住宅占地面积小，前面房子的影子打下来时，院内便没有了阳光。更为严重的是，不仅院子内没有阳光，连起居室也很少能受到阳光的青睐。

　　并且，在前面房子的北侧，也就是它们的后墙，还会出现厕所窗户、浴室换气口，或者是热水器、安装在户外的机器等不合氛围的东西。甚至还会出现上厕所时可以将后面房子的起居室一览无遗这样的现象。反复采用这种结构方式后，便形成了日本目前的住宅状况。

　　如44页图方案所示，我们试图对这种看法进行改变。

　　对土地整体的规划是，将起居室和餐厅等公共区域设在北侧，中间作为中庭，被前面房子挡住光照的区域作为卧室和停车场。这样，中庭便可以经常沐浴在阳光下，照射在起居室的阳光经反射后打在卧室内，使卧室也充满了柔和的阳光。

　　还可以通过改变卧室的高度，来调节照入中庭的阳光量。

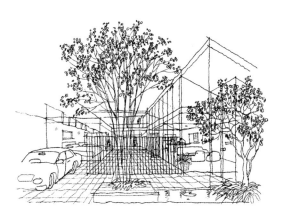

从道路上所看到的外观　通道处种植的代表性树木及沿街设置的水池，给人一种祥和的感觉。

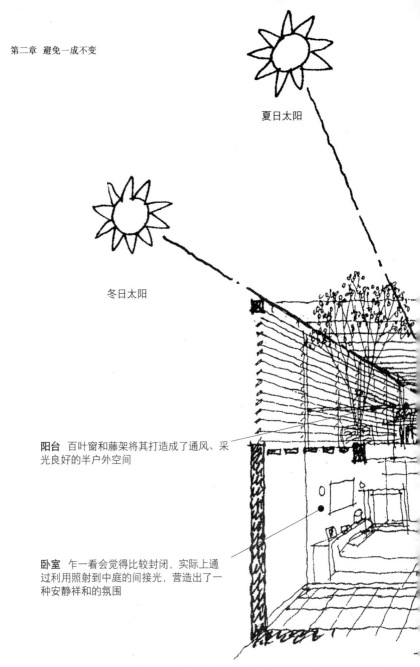

夏日太阳

冬日太阳

阳台 百叶窗和藤架将其打造成了通风、采光良好的半户外空间

卧室 乍一看会觉得比较封闭，实际上通过利用照射到中庭的间接光，营造出了一种安静祥和的氛围

剖面透视图 将不需要阳光的低层卧室设置在南侧，中间作为中庭，北侧是公共区域，并保证公共区域的光照。从这幅图可以看到冬天和夏天时的采光情况。

起居室 从楼梯井上面照射下来的日光充足，采光、通风好，是一个舒适的空间

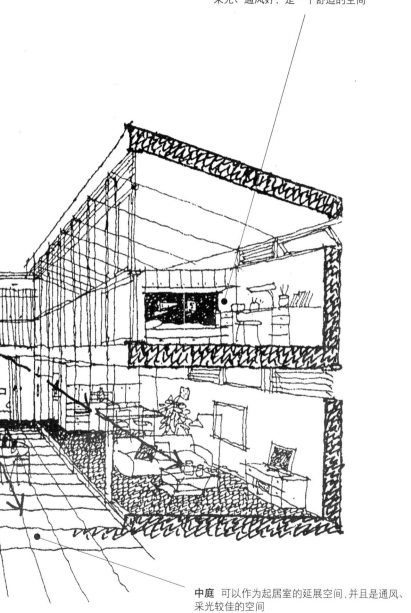

中庭 可以作为起居室的延展空间，并且是通风、采光较佳的空间

7●窄房宽住

——狭窄空间的有效利用方法

众所周知，房子本身是不会变大的。

由于建房用地会受到建筑面积率和容积率等法律条件的限制，即使想要把房屋建得宽敞一些也有限度。

虽然无法将狭窄的空间变大，但依旧可以找到一些使居住起来感觉较宽敞的方法。以下所述可能会和之前讲述过的内容有所重复，但在此再列举几个要点。

压缩房间的面积

由于不可能将所有的房间都建得很宽敞，所以适当缩小一些房间的面积，这样可以集中扩大一个空间的面积。例如，节省玄关以及浴室盥洗室等不太常用的空间，将其面积压缩到最小，节省下来的面积用于建造最为重要的起居室。

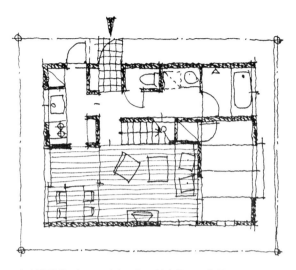

小户型设计 客厅、卧室、餐厅的空间一一分隔开。

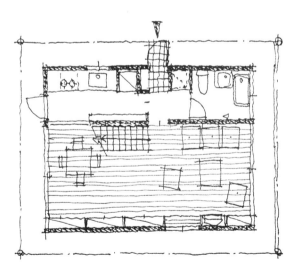

推荐设计 浴室等空间缩减到最小，同时取消客厅，扩大起居室和餐厅的空间。

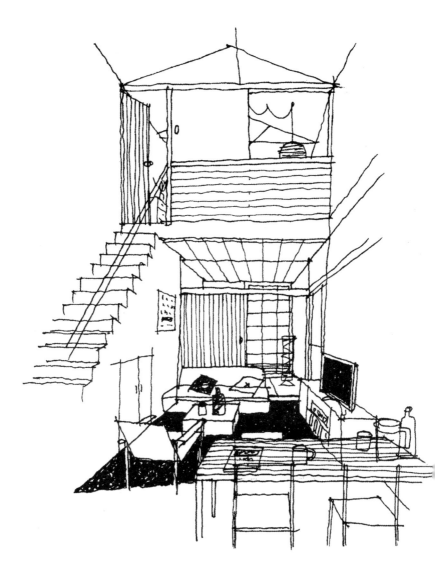

小户型设计的内视图 为了确保和式房间的样式，卧室变得非常狭窄。

推荐设计的内视图　减少房间数，缩减了浴室等空间的面积后，营造出宽敞的起居室、餐厅，并设置更多的贮藏架。

将电视等放置于固定架子的无家具式起居室 巧妙利用地板高差和抱枕等因素。

避免房间过多

一个空间可以有多种用途。例如日本的和式房间，一个房间可以拥有多种功能。

欧美国家常根据房间的用途来给房间命名。例如寝室（bedroom）和餐厅（dining room），但如此这般，房间的用途就会被限定。而在日本，有"座敷"（铺着席子的日式房间）、"板间"（铺地板的房间）等根据房间的布置来命名的情况，或者"六席间"、"八席间"等根据空间的大小来命名的房间。这并不是限定房间的用途，而是为了使房间具有多元化的使用功能。对于小空间来说，日本传承下来的居住方法，确实是能够使空间得到有效合理使用的良好方法。

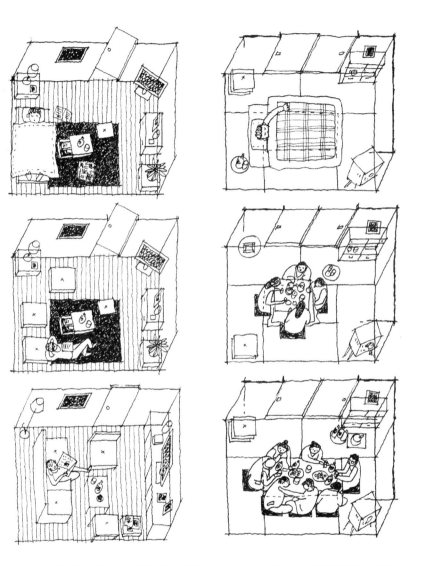

和式房间的特征是具有多功能用途　上图：当作客房；中图：全家团圆时用房；下图：偶尔聚会时的餐厅。

尽量减少家具

如果放置家具，房间的用途就会被限定，并且变得狭窄。尽量避免在起居室放置所谓大型的客厅三件套，尝试一下没有家具的起居室空间设计。体验一下这样的生活方式也是一种方法。

将起居室设置在二楼

这并不是为了使房子变大，而是有效使用狭窄地基面积的诀窍。住宅密集地区的狭窄地基采光条件极其不好。因此，将相对不需要光照的浴室以及卧室设置在一层，将需要光照的客厅等房间设置在光照条件较好的二楼。通过天窗和楼梯井，可以自由地享受充足的采光（如下图）。

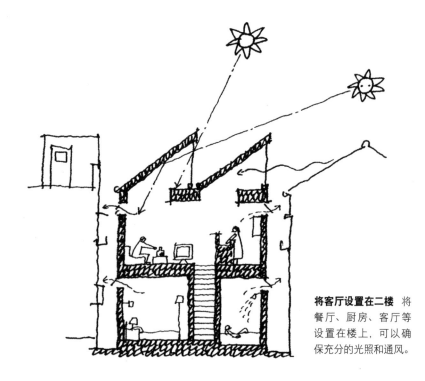

将客厅设置在二楼 将餐厅、厨房、客厅等设置在楼上，可以确保充分的光照和通风。

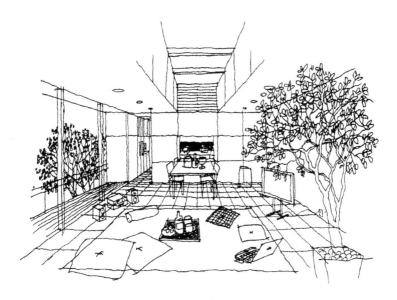

起居生活 生活以地板为中心，可以聚集更多人。

如果考虑到以上各点，实现窄房宽住并不是一个难题。

49 页的两个平面图展示了小户型房屋布局方式，请试着比较一下。一个方案是在起居室的旁边设置了一个客房，浴室面积也尽可能扩大，并保存厨房和餐厅。结果，如图所示，每个空间都显得十分狭窄。

另外一个方案，尽量缩小浴室等空间的面积，并将客房、起居室、餐厅合而为一，因此确保了足够宽敞的空间。

总而言之，为了在狭窄的空间内住得舒心，就要将错综复杂的生活方式尽量简化，不要细分空间，而要灵活利用宽敞的空间。

8 ● 夏天的设计、冬天的设计

——花时间在设计上，享受过程

提到夏天的房屋就会想到避暑地的别墅，提到冬天的房屋就会想到避寒地的别墅，但这里要谈论的并不是这个话题。

设计房屋的时节以及状况，都会对房屋的设计产生很大的影响。

例如，夏天设计的房屋是开放式的且通风性好，属于清凉型。而冬天设计的房屋常常不考虑通风性，且为了防寒常设计为封闭式的。

人们都会在天热的时候忘记天冷时候的需要，而只在意如何避暑的问题。

酷暑时节咨询设计问题的人，往往最关心的是如何避暑。空调装置、针对午后阳光的对策以及通风问题等问题占据了咨询话题的大半部分。

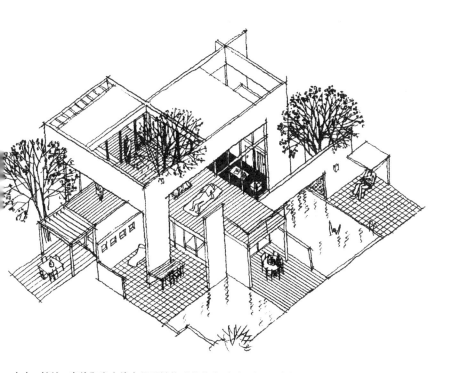

由水、植被、室外和半户外空间巧妙构成的住宅 根据季节的变化享受不同的生活乐趣。

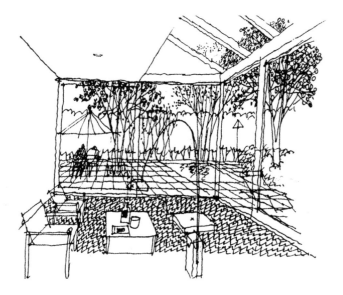

为夏天设计的住宅起居室 多个开口营造出开放的感觉，同时赋予在户外生活的印象。

例如我们带客户去参观一个客厅，这个客厅里设有一个带大天窗的日光室。根据季节的不同，对此的反应也会千差万别。

在寒冷的冬季，询问者很容易接受这样的设计规划。冬天的阳光照进房间，使房间充满阳光，增添了一种温暖的感觉。

但是在盛夏，不停流汗的咨询者们往往都不会接受光照很强的设计，因为这样会让人感觉更热。

日本四季变化明显。现在已经不是古代那种"房屋应该建造的适合夏天居住"的时代了。

要设计出均衡的起居室，必须分别考虑冷、热、干、湿等问题，这样一来至少得花一年的时间。

另外，完成住宅的建造是一个很重要的问题，但是了解建造的过程更有意义。

在设计阶段，客户可以确认住宅的理念；在施工阶段，可以看到住宅完工的过程。当然，和工匠们之间的交流也是一件很愉快的事情。

对了，盖房子的过程和等待孩子的降生十分相似。和经过十月怀胎的等待生下来的孩子，怎么看都觉得可爱一样，对于花费时间慢慢等待，翘首以盼的房子也会产生相同的感情。

冬天设计的房屋实例 这是和左页图在相同条件下设计的客厅，开口处更小，讨论暖气设施安装问题的时间增多不少。

9 ● 将孩子的房间设计成密室空间

——儿童房间流动性强比较好

在想要建房子和想要有一套房子的人群中，四十岁和五十岁的人在各年龄层中占据绝大多数。

到了这个年龄，无论是在社会地位还是经济上都已经稳定下来，这一时期已经可以清楚地看到家庭未来的蓝图。

试观这一年龄层的家庭成员构成，孩子们正好处于初中、高中阶段的情况居多。并且，此时建房子的动机约有 60% 是为了确保孩子们有书房。

两居室加起居室、餐厅、厨房的房子无法为孩子提供一个安静学习的房间。心爱的孩子如果无法考入名校，在邻居们面前就抬不起头。

于是，家庭会议便就此展开。此时的孩子正处于自我意识很强的年纪，对自己房间的要求十分严格。所以父亲做梦都想拥有的书房会首先被排除在外。

最后的结果往往是，儿童房位于最宽敞、环境最好的"东南角房间"，与此相反，主卧就会被挤到北侧阳光无法照到的地方。

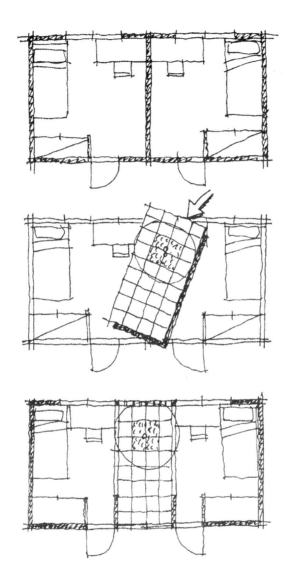

中庭的共有空间 从两个儿童房里隔出一个共有的空间，作为共有的中庭采光通风空间。实际上虽然两个房间会变窄但总体给人一种宽敞的感觉。

　　孩子们的直觉有时会超乎想象。虽然说考虑孩子的直觉有时非常重要，但是有时因为采纳了孩子心血来潮的念头或者是任性的意见而导致失败的例子也屡见不鲜。

　　房子要大到能够把朋友邀请到家中不失面子；要有音响声音放得再大也不会吵到外面的隔音墙；还有为了专心学习需要把门锁得死死的，等等。如果对于孩子的要求全盘接受，就可以建造一个宽敞气派的密室。

　　这样的环境对孩子是有利还是有弊，尚待讨论。不过根据最近的世态发展来看，这么做未必能得到期望的结果。

共享中庭的两个儿童房　为保证各自的隐私将房间用窗帘以及百叶窗遮蔽起来，同时可以享受在中庭读书的乐趣。另外，搭一个屋顶，使中庭像日光室一样。

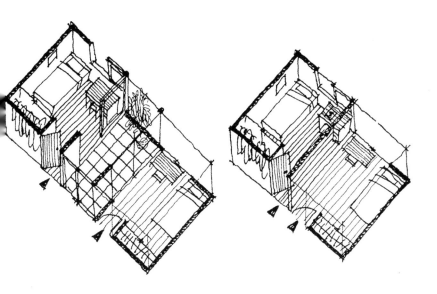

在狭窄的儿童房中隔出空间的方法

　　经过十年的时间，孩子们大都长大成人，从家中独立出去。这时，儿童房就会变成闲置房间。但是父母们会把房间保留原样，当作偶尔回来的孩子们的房间，这就是所谓的父母心。

　　但是，如果孩子们长时间不回家，就会把不使用的东西暂时放在儿童房里。久而久之，房间渐渐地被杂物堆满，甚至还会充满发霉的味道。如果变成这样的房屋，孩子们也不愿意久住。

　　如此一来，曾经花费巨大功夫建造的儿童房，就会沦为比东南角任何地方都气派的储藏室。

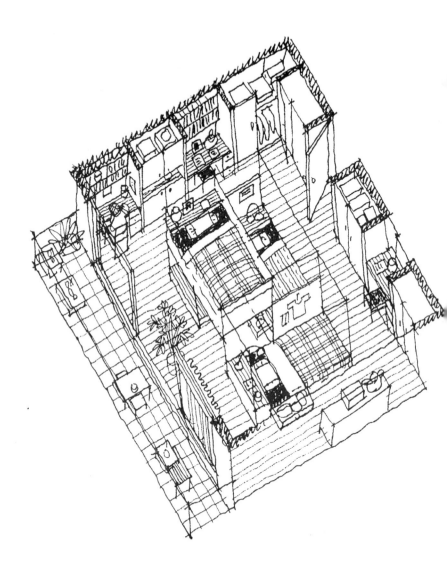

三人共同享有的宽敞儿童房 将摆放在墙壁周围的贮藏架或书桌、床设计为立体式，成为体育场般愉快的儿童房。

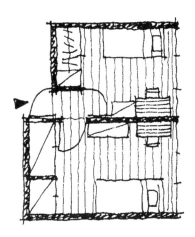

典型的儿童房示例

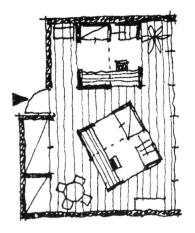

箱子型结构的儿童房 不用墙壁隔开，只放置床和储藏架。

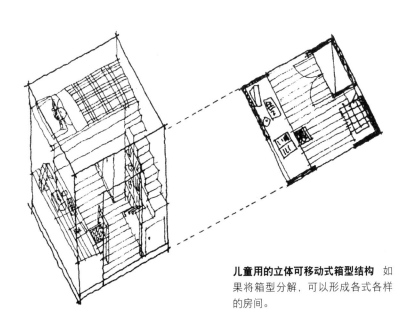

儿童用的立体可移动式箱型结构 如果将箱型分解，可以形成各式各样的房间。

双层床和储藏架的安装示例 床的部分采用螺栓等设计成可以拆卸的结构。

　　在这里介绍的案例（61 页）中，针对儿童房问题进行改良，其目的是为了保证孩子们即使长大独立后，儿童房仍然可以居住，并且避免其沦为一个封闭密室的方法。从独立的两个儿童房中，分别腾出一定的空间设计成中庭。将这个空间夹在两个房间中间，作为两个人的共享空间。虽然两个房间都会变得相对狭窄，但中庭空间改善了采光以及通风条件，居住感觉也会更加舒适。孩子们也会因为有了中庭而建立不错的情感；或者各自跟自己的朋友在中庭读书聊天，也是一件乐事。

　　并且，等孩子们离开家以后，还可以把中庭改造成梦寐以求的书房或是休闲室。

还有一种方案（64 页）是三个人共同使用的大儿童房。孩子们都想拥有自己的房间，但是这里刻意地设计成一个大房。另外，把三个孩子的床设计成立体式的构造，这样，孩子们也能欣然接受三人房间了。

　　另外，还有一种方案（65 页）是，将儿童用的床、桌子还有书架和储藏架，都改为固定式箱子型家具。这样可以使孩子觉得拥有了"自己的城堡"而充满满足感，同时又使得孩子们有了共有的空间，避免了房间变成密室。

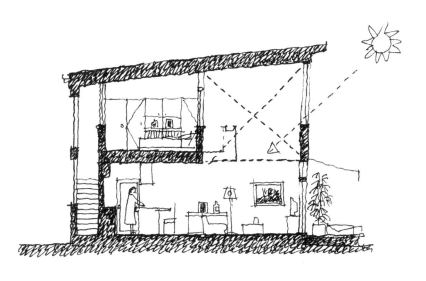

儿童房的再次利用 撤去不再使用的儿童房，设置楼梯井，使室内的环境变好。

10 ● 客人无法留宿的客房

——注重日常生活的空间

将玄关隔在中间，两边分别设计成和式客房和"起居室、餐厅、厨房"空间 客厅被压缩，感觉十分狭窄。

直接用空间或者某一具体的形象来表现一般的日常生活，这就是设计。

但是，从刚开始决定要建造房屋的那一刻起，各种各样的生活场景会在脑子里走马观花似的闪现。

在这些走马观花的影像中，一定会有这样的场景。

以前，曾经有一个突然到访的客人，客厅还没有来得及收拾就很不好意思地接待了他。那时候就想要是有接待室的话就好了……

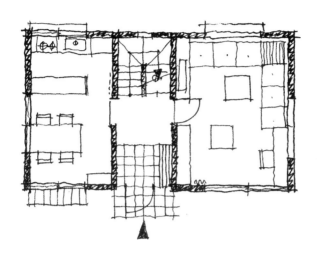

取消客房的和式房间改装成餐厅和厨房，将"起居室、餐厅、厨房"改装成起居室 起居室变宽敞了，可以同时用作接待室和客房。

还有，丈夫的朋友们来拜访，回去的时候没有电车了，需要留宿在家里。如果没有客房，而不得不委屈客人睡在客厅里，这样一来就显得对客人照顾不周。

此时最强烈的感觉就是，一定要有接待室和客房！

我也曾经有过类似这样在朋友家中留宿的经历。那个朋友家中虽然有客房，但是由于并不常用，感觉房间冷飕飕的。且那时恰逢梅雨时节，房间有轻微霉臭味。站在苍白的白光灯下，感觉尤其冷清，真后悔当时没有硬着头皮打车回家。

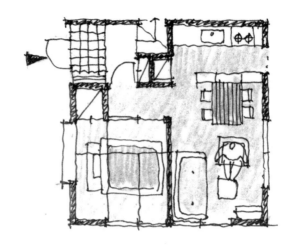

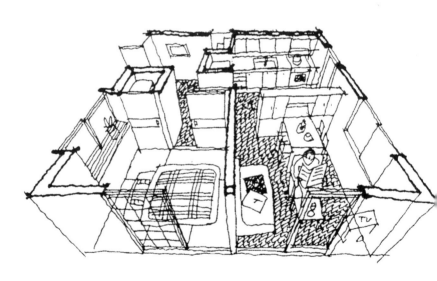

和前页一样，有起居室和客房的狭窄住宅的情况　为了设置一个客房，日常生活空间变得
十分狭窄。

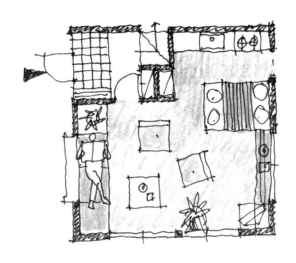

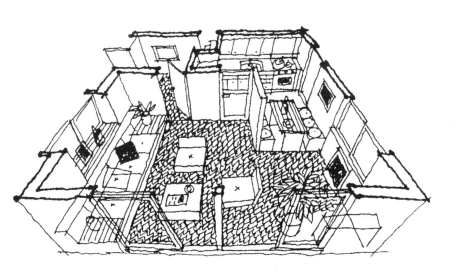

取消客房，将除玄关和楼梯之外的空间改装为"起居室、餐厅、厨房" 日常的生活空间变得更为宽敞。

变身为床 折叠式的大沙发，客人来的时候可以当床使用。

还有一次在另外一个朋友家留宿。由于那个朋友家中没有客房，因此不得不睡在客厅的沙发床上。就像大家经常在外国电影中看到的，客人在客厅的沙发上睡觉的场景一样。墙上装饰的画以及照片等，可以看出这家人的品位，心里顿感平静。这样一来也就没有睡沙发的厌恶感了。

总而言之，这是家人待客诚意的问题。如果对待客人很热情周到，客人无论睡在什么样的地方都会觉得很舒服。

并不是说不能建造客房或者接待室。而是说有必要建客房以及接待室的房屋，仅仅限于足够大的房子。毕竟建造了一个很少使用的房间，而影响到了日常生活的话就是本末倒置了。

要考虑到客房和接待室等非日常空间的使用频率和建造的必要性。

界定日常和非日常这两个概念很难。根据家庭情况的不同，其定义也会有所不同。

在有限的条件下，很难建造一个面面俱到的房子。

事实上，考虑到将来的事情固然重要，但将来的情况未必会如预料的那样发展。首先应该解决当下确确实实存在的问题，对于尚不能确定的将来的状况，最好留到日后再解决。

是仅仅为了一天，而使得剩余的三百六十四天都过得不自在；还是每一天都认真地度过，让其他的三百六十四天都过得悠闲充实？这个选择恐怕并不困难。

11 ● 星空在远方的思维

——日常和非日常的混同

黄昏时 A 山庄的外观

"若能一边看着星星一边洗着澡该有多好呀。"

如果可以那样度过时间，无论是谁，都一定会觉得很幸福。

的确，在山中温泉的露天浴场里仰望着满天繁星，这景致确实令人难以忘怀。此情此景，一颗颗又大又亮的星星会让人满怀感动。曾经远在天边的东西，现在却仿佛触手可及。

像这样，在露天浴场里，享受着身心的解放，别有一番滋味，这真是无上的幸福。

八岳山麓的 A 山庄　地板以及室外的连廊富
有变化。由于浴室与客厅相互隔开，颇具露
天浴场的感觉。

A 山庄的连廊空间 设有透明屋顶的半户外空间。切身感受到光和绿意就在身边，仿佛与自然融为一体。

山庄里开放式的浴室 沐浴时感觉就像是置身于自然中。

相信每个人都会想，如果每天都能够享受这样的幸福，该有多好啊。

如果要在那里建房，一定要建一个可以看见星星的浴室。

但是，结果却是，虽然建好了，实际上却一次也没有看见过星星。这也是理所当然。即使是修建有天窗，看见星星的机会也不多。毕竟不是每天晚上都会是晴朗的夜空。最重要的是，如果浴室里打开照明设备，就可能看不见漆黑夜空中的星星。此外，就算关掉照明设备，天窗上的玻璃也会因为水蒸汽而变得模糊不清，从而看不见星星。

那么，虽然白日里，从天窗照进来的灿烂阳光会使沐浴变得舒心。但是也不能总是白天洗澡，最初的新鲜感很快消失，不久就会产生厌倦感了。

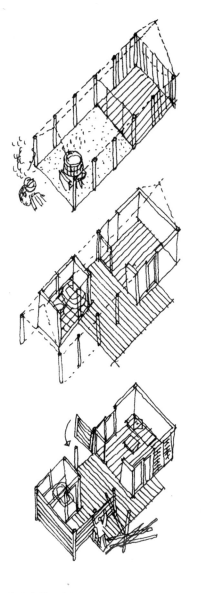

即使看见了星星，在都市受过污染的空气中看到的微弱的星光，和在那个露天浴场看到的星空无法相提并论。

无论是星空还是温泉，只有因为处于山中才具有价值。若专门前往那些地方去感受实际氛围，也是不错的体验。如果轻而易举就能得到星空、温泉，那么其价值就会变得相对较弱。深山露天浴的意义，需处于色色寒气的夜空下才能体会。

和大自然亲密接触的山间小屋 屋顶和被包围起来的房间。做饭和沐浴都在外部的素土地面进行（上图）；逐步修建浴室、卫生间和连廊（中图）；最后，充实内部空间，围上栅栏，当主人不在家的时候可以防盗（下图）。

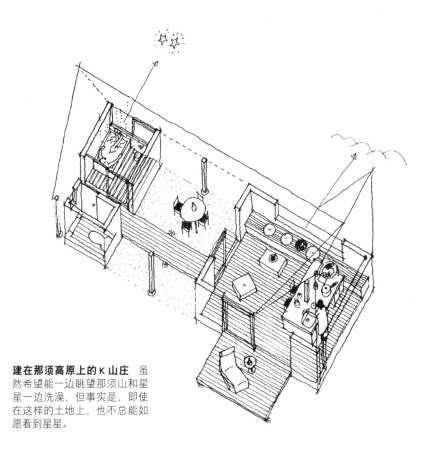

建在那须高原上的 K 山庄 虽然希望能一边眺望那须山和星星一边洗澡，但事实是，即使在这样的土地上，也不总能如愿看到星星。

为了看到清澈夜空中的星星，即使露天浴场在很远的地方，也特地前往山中，这样看到的星星的光辉会更加美丽。

不是每天都是节日。正因为日常生活的平淡，节日才会显得格外突出，而令人期待。

非日常性的优点，如果将其日常化，它的特殊意义就会消失。

12 ● 有外表就有内涵

——考虑事物的两面性

几年前，日本还被誉为世界上治安最好的国家。但是最近，偷窃等犯罪行为却多了起来。

也许是由于这些原因，现在的新建住宅都会安装卷帘防盗门窗，而不采用传统的推拉门窗。为了方便平时正常使用，越来越多的住宅还安装了电动开关装置。

但是，不管在哪里，对现在的人来说，与其相信钥匙所带来的安全感，还不如将安全问题托付给嘎嘎作响的"坚盔利甲"，因为它更能让人感觉到当今社会这种密不透风的安全感。

的确，从确保生命财产安全的角度来说，这样做也无可厚非。而且它还具备诸多优点，例如提升冷暖空调的工作效率。如果我们都这么想，貌似也没什么大问题，但是如果换一个角度，你就会发现不一样的事实。

几十年前我曾经到过一位意大利朋友的家里做客。虽然当时的社会格局和如今的现状有所不同，但还是对他家无处不在的各种锁具深表震惊。

由此可以看出当时的治安并不是很好。但与防盗相比，他更担心别的事情。

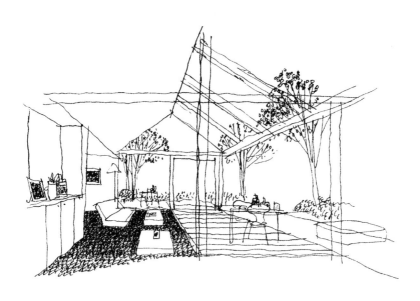

将房顶的一部分改装成天窗的起居室　虽说天窗有利于采光，但是也有夏季时阳光
强烈，冬季时暖气无法发挥很好效果等缺点。

　　原来他最担心的并不是来自外部的盗贼，而是来自室内的问题。也
就是发生火灾或地震等灾害时，如何避难的问题。

　　如果在深夜的一片漆黑夜色中，由于某些事故或者灾害，导致了火
灾的发生。当意识到发生火灾的时候，房间里已经充满了烟雾。慌忙中
想要打开门锁，脑子却一片混乱。在这种无法预料到的紧急情况下而产
生的惊慌失措，使得呼吸也变得急促。此时，一分钟的呼吸也无法停止，
其结果自然不必说。另外，如果是地震，房屋如果稍有倾斜就很难打开
百叶窗。更不必说电动式的卷帘门，遇到灾害的时候一旦发生停电就彻
底完了。所以，他担心的是避难的问题。

"不会被闯入"必然同时伴随着紧急时刻"难以避难"的问题。这不仅仅是防盗的问题，可以说是关系到整个建筑的问题。

例如，大家都想住在有大窗户的房子里。春天时阳光洒满房间，这是在杂志和宣传册上经常看到的景致。在这样悠闲舒适的暖阳中，睡个午觉，一定会舒服得无法言喻。

因此，窗户变得"越大越好"，但是仔细考虑之后，又会发现很多问题。

首先是个人隐私的问题。前面的人家可以清清楚楚地看到室内的全貌。虽然可以用窗帘和百叶窗来解决，但是总是拉着窗帘，大窗户就没有意义了。其次会发生暖气效果变差的问题。虽然可以用双层中空玻璃来解决，但这可能会增加成本。最后，还有个难题等着你，那就是，玻璃的清扫也会很麻烦！花了大手笔买来的玻璃，稍有污渍，就白费功夫了，因此需要经常打扫。这是一件十分劳累的工作，因此不得不放弃使用大窗户，选择大小适中的窗户。

由于打扫麻烦，不再使用可使阳光充分照射进房间的大窗户；或者为了获得充分的阳光而不厌其烦地打扫。具体选择哪一种方法，只能根据住户自己的偏好了。

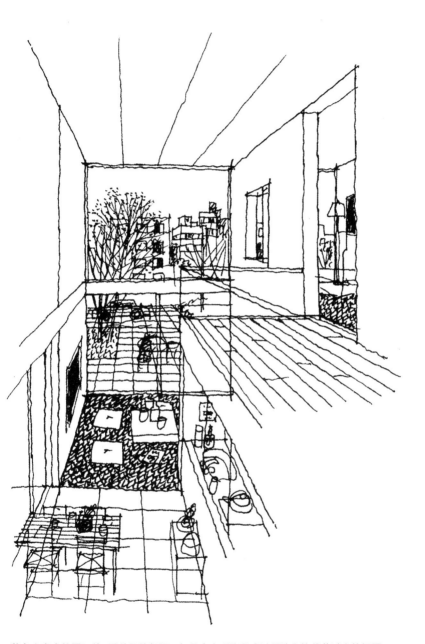

装有大窗户的开口处 看着虽然舒服，但是会出现隐私难以保障和热载荷过大等问题。

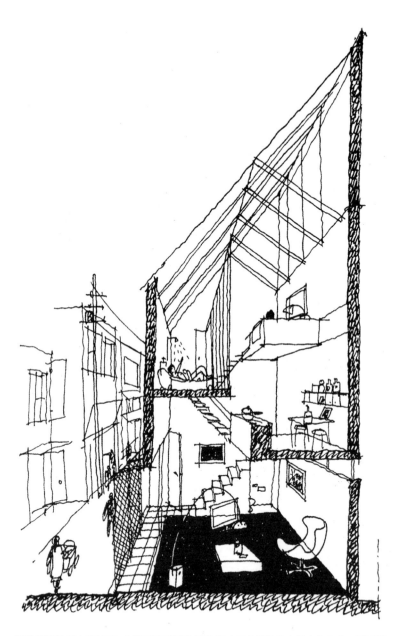

在狭窄的地基上建房子　合理利用楼梯井的空间对于改善狭窄空间十分有效。利用楼梯井的空间，一方面采光会变得很好，另一方面，暖气的效果却会变差。

第三章

享受不便

13 ● 享受大于便利的住宅

——努力多一点，舒适就多一点

我的家很小，非常小。

不过我认为，住宅并非只要大就是好的。

这个房子建造以来，已有二十年的光阴。但是我从来都没有因为它小而感到生活的不自在。

我基本上认为，世界上没有房屋住起来是不舒服的。好不好是依居住者自己的想法来定。就像人一样，无论是谁都会有优缺点，房子亦如此。无论是人，还是房子，都有其好的地方。如果全部都否定的话，无论是人还是房子，都太无辜了。

总之，选择与房子相符的居住方式就好。如果居住起来有不方便的地方，就要靠人来完善它。

如同"善书者不择笔"一样，"会住的人家不会挑剔房子"。也就是说，和工具的使用一样，再难用的工具，熟练了也就好用了。同样道理，根据房子的形状以及规模来安排生活便可以了。

手艺好的工匠虽然也有好的工具，但不好的工具也可以运用自如，做出好作品。他们从来不会抱怨工具不好。

面对着街道的住宅 这个开放空间可以使生活充满想象。

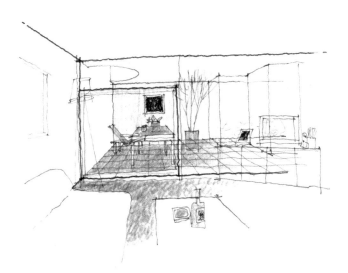

从起居室开始被窗户包围起来的半户外空间

试想一下，如果我们住在高级公寓和普通公寓、预售房内，必定要根据其房间布局而改变居住的方式。

我知道很多那些经过反复斟酌、考虑，最后建造了一个自己理想中的房子的人。但却从来没有听他们说过他们居住得很满意。

就像刚才所说的，这个世界上并不存在完美的房子，因此当然也不会有满意这回事。

仔细想想就会发现，一种能够满足所有的居住需求和功能，并且适应任何季节的变化的房子，其实根本不存在。我认为这本身就已经超越了建筑的界限。

我的住宅功能性不强，也许说它不方便更为准确。再加上其本身很窄，也许你会认为它根本没有什么优点。但是，尽管它很狭窄，我有一个奢华的空置房间和一个未完成的阳台。因此，每天都可以享受到多种多样的生活，将来还可以按照自己的想法来改造房间。这种乐趣是那种只求便利的住宅所无法取代的。

二楼的阳台 从一楼伸展上来的树木枝叶可以遮阳、挡风。

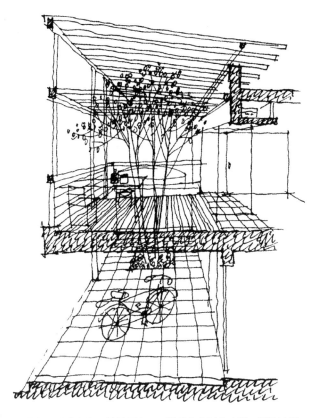

一楼的开放空间和二楼的阳台 一楼种植的树木穿透二楼的地板，形成了阳台的风景。

　　这样的住宅我偷偷称其为"勉勉强强可以忍受的住宅"。因为虽然绝对不"轻松"，但享受"不方便"也是一种低调美学。

　　美食可以满足肚子，美的事物可以满足心灵，令人心情舒适。

14 ● 太过便利了就叫作偷懒

——适宜的功能性和合理性即可

岛式厨房 边做饭或用餐，边享受聊天的乐趣。

做家务在过去是体力活。"过去"表示过去的事情，现在已不复存在了。新世纪文明中产生的电气化产品——全自动式的干洗机、自动洗碗机等，将人们从繁重的家务劳动中解放了出来。

住宅的逐渐电气化使我们从繁重的劳动中解放出来是一件极好的事情。如此我们便可以更加有效地利用空闲时间，做更有意义的事情。

但是现在，人们对于住宅的要求已经不仅仅满足于便利了，他们提出了更高的要求：

·不用动便可以拿到物品的便利性；

·不打扫卫生也无妨的便利性；

·不用保养也无妨的便利性；

·只需按一下开关的便利性……

"便利"已经变成了住宅建造的关键词。

根据一项问卷调查，家庭主妇们理想中的住宅是，不用打扫整理的房子。

但是，现在我们追求的"便利"真的都在功能性、便利性的范围之内吗？这是一个容易起争议的问题。难道只有我认为，刚才所列举的便利的例子，已经超过便利的程度而达到了"懒惰"的程度吗？

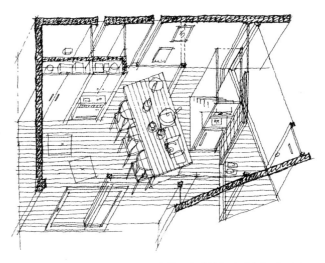

A 山庄的岛型厨房 由大桌子、水槽、电磁炉和洗手台组成。可以想象家庭成员团圆的场景。

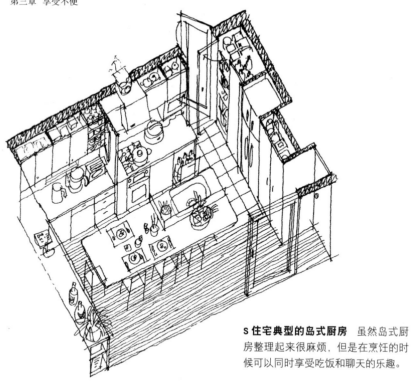

S住宅典型的岛式厨房 虽然岛式厨房整理起来很麻烦，但是在烹饪的时候可以同时享受吃饭和聊天的乐趣。

从起居室看到的中庭

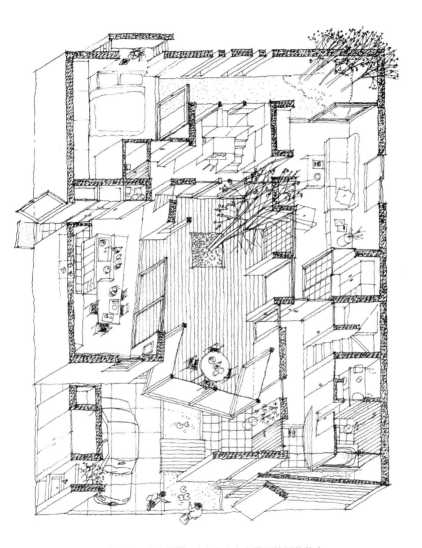

S 住宅的一楼俯视图 以中庭为中心展开的郊外住宅。

S 住宅的厨房剖面透视图 高侧窗采光，无论是哪个方位，都可以采光和通风。

退一步来看，这样虽然很便利，但如果反复思考，就会发现所有的工作都必须要依赖机器和能源。就像刚才所述的那样，会造成能源的过度消费，这与地球的环境问题密切相关。

无论是生活还是居住，都不单纯是为了享受身体上的乐趣。锻炼身体有利于身心健康。大扫除中还可以学到很多东西，甚至会发现房屋的受损情况。而且，大扫除过后的舒畅感对于精神健康也是有利的。

我们确实应该享受生活。但是，过于便利造成懒惰，从而导致运动不足，这样的状况该如何理解，我不太明白。

适当的便利叫作功能性。良好的功能性可以使人和房子得到美化。厨房作为主妇的城堡，使其具有合理的功能性谁都不会有异议。

H住宅厨房的剖面透视图 重点在于仔细考虑吊橱和后面的贮藏架，提高其功能性。

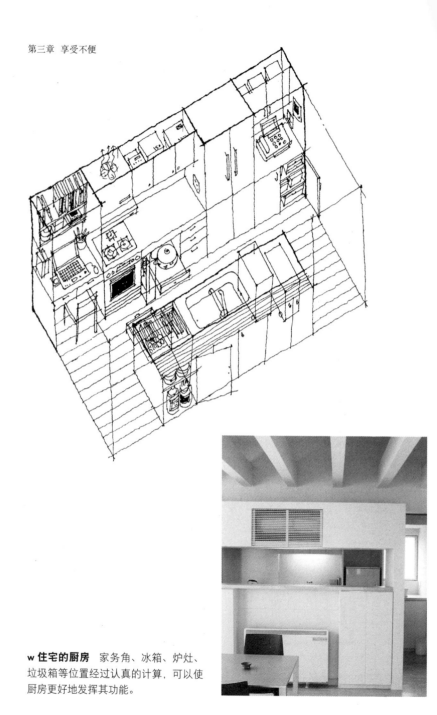

w 住宅的厨房　家务角、冰箱、炉灶、垃圾箱等位置经过认真的计算，可以使厨房更好地发挥其功能。

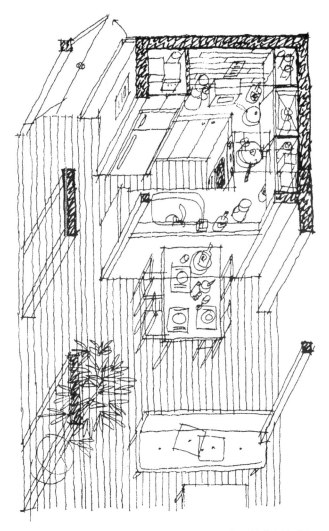

"起居室、餐厅、客房"三位一体的厨房 开派对的时候把饭桌收起来，作为起居室使用。

装备有高功能性豪华设备的房屋及厨房，使人的智慧无法介入到日常生活中。彼此心意相通的慢生活情调的厨房以及餐厅更好。

15 ● 你能住进名宅吗？

——入住名宅的难点

有个叫"功能美"的词，意思是只要能够充分发挥出工具的功能，就能将它的形态美展现得淋漓尽致。

这个原则似乎也能适用于住宅方面，但事实上并不能就此断言。

对于建筑，如果过度在意它的实用性，就容易使外形欠缺美感。还有很多建筑，空间结构虽美，却没有与之相应的实用性。

有的人不需要美感，只想要一个生活起来轻松舒适的家；而有些人则无法忍受难看的房子，想尽办法要住进漂亮大气的房子。人们很难判断这两种想法哪个更好，因为无论哪个都代表了一种价值观和思考方式。

国内外有一些被称为杰出建筑的住宅。建筑师在设计住宅时，研究参考这些名宅也不失为一个好方法。

国外的许多购房者不仅掌握住宅方面的知识，也了解建筑方面的知识。

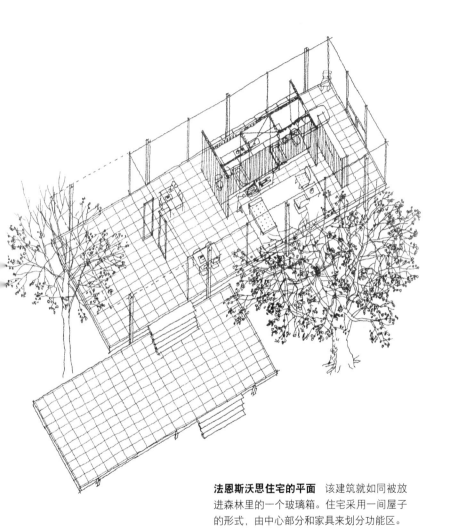

法恩斯沃思住宅的平面　该建筑就如同被放进森林里的一个玻璃箱。住宅采用一间屋子的形式，由中心部分和家具来划分功能区。

法恩斯沃思住宅的外观 构造采用的是钢结构，外围是玻璃，地板由石灰华制作，房屋中心部分聚集着浴室和厨房等需用水的地方。

他们了解建筑的一些基本知识，例如建筑、环境、传统、文化等概念。他们了解建筑师的职能，不认为建筑师仅用技术手段将自己的大量希望实现就是赚到了。他们期待着建筑师的建议、创意以及想法。

如果仔细分析那些被称为杰作的住宅就能发现，它们的共同点是具备了作为居所的所有条件，并且有着鲜明的概念。

有着大量预算的豪宅并不一定就是好的居所。因此，很多杰出建筑反而是那些空间有限、只能最低限度实现居住者希望的小型住宅。

例如近代建筑三大巨匠之一的密斯·凡·德·罗为一位女医生设计的别墅。

从女医生家居照里可以看到，报纸被贴在玻璃上用来遮挡视线，物品摆放杂乱无章，一派凄凉。最终她还是无法习惯住在这样的空间里，放弃了别墅。所幸别墅现在的主人接手了别墅，改装一番之后，又完美地重现了别墅昔日的风采。

读者们看了这两位主人的故事后，会站在谁那一边呢？

在建造居所的时候，最好事先查阅几个像这样被称作杰出住宅的资料。看着这些住宅或许会产生不同的想法：心潮澎湃地想住进去，或者不想住进去。而这样不同的想法会让你决定是要建造一个住宅，还是买一个。

法恩斯沃思住宅的内部 从客厅往玄关看。右侧是房屋的中心部分，有壁炉。

16 ● 免维修和工业废弃物

——不给未来留下工业废弃物

　　我认为没有哪个国家像日本这样拥有如此种类繁多的建筑材料。这些建材无论是原材料还是颜色，都是多样的。尤其是日本人还十分喜欢以"新"字开头的建材。

　　我不知道这是不是经济和技术文明发达的象征，但是选择如此之多，在某一方面会引起一种混乱。这种混乱直接表现在日本的街道景观上。多种建材对住宅的外观造成了一定的影响，最终形成了混乱、风格不一的街道和住宅区。

　　这样的建材和原材料的性能自然是十分卓越的。其中最具代表性的建材是铝制框架。其耐久性和性能自不必说。几乎所有的日本住宅门窗都是铝制门窗。

　　墙壁材料也是如此。金属和水泥类建材拥有十分优秀的耐久性、防火性及绝热性。且随着研究开发的进步脚步，防锈和防污等性能也得到了提高。因此，墙壁的清扫和重刷之类的维修的必要性也骤然降低了。这就是"免维修"产生的缘由。但"免维修"也有缺点，它无法让我们一直高兴下去。

由木材和水泥类建材完成的 A 山庄

　　对居住者来说，因为不需要任何维修，所以是经济实惠的，而且会很轻松，这似乎没有什么问题。

　　但仔细想想，耐久、耐火、耐腐蚀等性能好，也就意味着这些建材一旦完成了自己的使命，变得不再必要的时候，就成了难以处理的工业废弃物。即这些建材最终成为威胁我们的子孙后代并影响全球的垃圾。

　　而且，将这些垃圾回收利用，需要更多大量的能源。这样的能源消耗，显然会给地球环境带来不小的影响。

由木板铺成的浴室 跟树脂类的一体化浴室不同，木质建材环保，不刺激皮肤。

A 山庄的铅笔柏材质的露台 虽然天然的材料需要进行维护，但是对大自然无害。

　　的确，我们凭借着免维修的便利，或许减少了劳动量，但是我们应该铭记，今天享受了多少便利，就会给子孙后代带来相应量的不便。

　　建造一个具有耐久性的住宅是很重要的。但是，若将视野放长远放宽广来考虑免维修建材，就会发现它的耐久性正是使我们不能一味高兴的原因。

第四章

住宅并不是只有内部

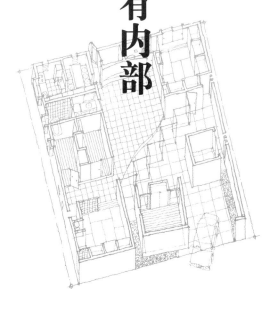

17 ● 建造住宅就是经营家庭

——根据生活方式来建造住宅

建造住宅不仅是建造一个"房子",同时也要考虑到"家"的理想状态。

丈夫为妻子着想、妻子为丈夫着想、父母爱着孩子、考虑家人们的现状、互诉未来的梦想等,充满这样温馨人际关系的地方是家。

建造一个住宅就要建造一个能将这样的家庭温柔包裹的容器。

想要盖房子的时候,全家人应该聚在一起谈一谈。如此一来,家庭成员们才能看清共有的问题,彼此的想法以及生活方式、未来目标等等。将这些整理起来,互相尊重彼此的意见,能让步的地方就互相让步,互相理解彼此的心情,这才是真正的"建造住宅、建造家"。拥有这种想法才是最重要的。

经过反复这样的交谈,家庭成员之间的生活方式和生活阶段就会变得明确,然后就可由此来预测建造怎样的住宅,进而建造出符合家人目的、用途、令人舒心的住宅。

独立书斋 因与主屋分离，所以成为可令人心平静气的书斋。玻璃的内侧是开阔的空间。

　　每个人都不一样，一百个家庭就会有一百种生活方式。如果可以的话，建造出完全符合生活方式的住宅当然是最理想的。但如果做不到的话，也需要灵活应变，让生活方式去适应住宅的形态。

　　下面的例子（112—113 页）是从家庭成员的生活方式出发得到的解答。

　　一般情况下，我们认为家庭成员是在起居室进行交流的。但是，在这个住宅里没有像样的起居室，只在中心区有一个开放的空间。

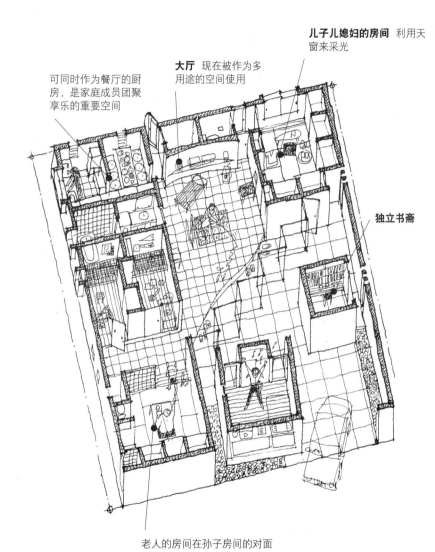

儿子儿媳妇的房间 利用天
窗来采光

大厅 现在被作为多
用途的空间使用

可同时作为餐厅的厨
房,是家庭成员团聚
享乐的重要空间

独立书斋

老人的房间在孙子房间的对面

由单间构成的住宅 如今位于中间位置的大
厅空间是家族成员能够自由利用,具有多种
用途的空间。

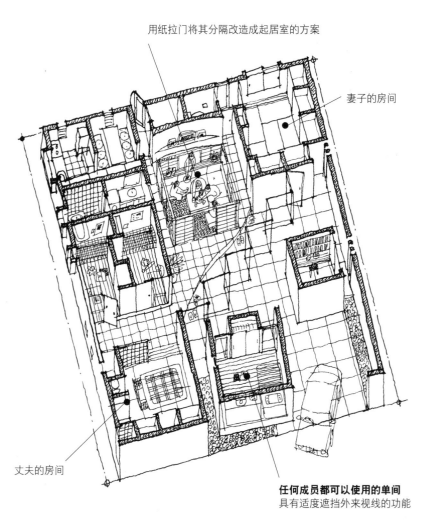

用纸拉门将其分隔改造成起居室的方案

妻子的房间

丈夫的房间

任何成员都可以使用的单间
具有适度遮挡外来视线的功能

未来将大厅改造成起居室的方案 由于家庭
构成在变化，住在单间的人也在变化。

老人的房间 厕所是专用的，但浴室和餐厅是与家人共用的

使老人的房间跟其他家庭成员之间保持不即不离、恰到好处的距离而设立的板地

老人房间旁的玄关

家庭空间 包括浴室、书斋、孩子的房间等

家庭玄关门廊

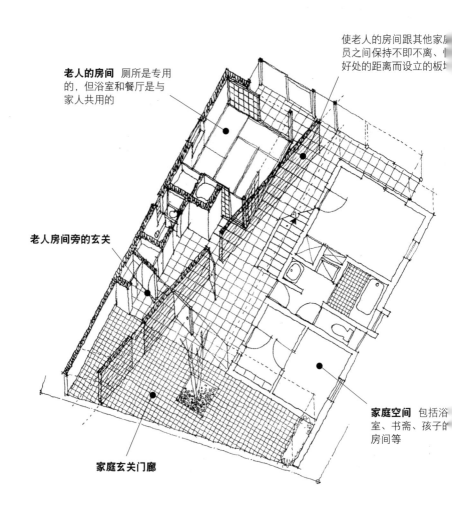

关于 K 住宅老人房间的一个例子（一楼）
为了保持其他家庭成员和老人之间恰到好处的良好关系，要与老人的房间稍微隔开一点。

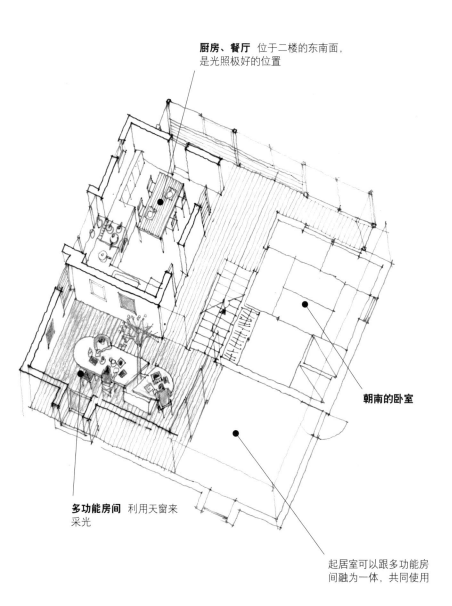

厨房、餐厅 位于二楼的东南面，是光照极好的位置

朝南的卧室

多功能房间 利用天窗来采光

起居室可以跟多功能房间融为一体，共同使用

K 住宅的二楼 在客厅旁边设计了一个摆有大桌子的多用途的空间。

三世同堂，包括母亲、作为主人的儿子夫妇，儿子的妹妹，以及两个孩子。这样的家庭构成，最让人担心的是常见而复杂的婆媳矛盾。

考虑到将这个复杂的关系保持在不即不离、松缓的距离上，就决定撤除起居室，设置一个被单间围绕在中间的宽阔的自由空间。家庭成员能够根据时间段的不同各自自由使用这个空间。它不仅可以作为孩子们的游戏场所，还可以作为趣味屋、聚会场地等。可作为家庭成员之间最基本的沟通场所——餐厅，可以一边吃饭一边欢聚。饭后，如果彼此还有话要说，那就可以到房间里去。到对方房间里的时候，那种"到别人家"的感觉能够减少各自的"任性妄为"，从而长久地保持恰到好处的距离。将这种想法完整地反应在住宅构造上后就形成了该住宅。

将来可以根据之后的发展情况来决定，是否将这个大厅改造成起居室。

另一个方案（115 页）是，在紧邻客厅的地方设置一个摆有一张大桌子的房间。

这张桌子是为家庭成员及其朋友们一起度过共同时间而设计的。男主人是摄影师，桌子可以用来整理照片。女主人爱好做人偶，桌子可供与有共同爱好的人在一起做人偶，还可以一起喝茶聊天。

有时候，也可以全家人同时使用这张大桌子——

多功能的房间和大桌子 家庭成员可以一边做着各自喜欢做的事，一边共度美好时光。

孩子在桌子的一边看书，母亲在另一边做人偶，父亲在整理照片。

如果全家人能够像这样，在这张桌子旁共享同一时间、同一空间，那么家庭成员之间的交流就会变得更丰富。这张大桌子对整个家庭来说有着重大的意义。

18 ● 好的住宅是可以避雨的

——建造可以避雨的城市

我想近来已经很少有可以躲雨的地方了。当我还是孩子的时候，如果突然遇到雷阵雨，就会借某家的屋檐来躲雨，直到雨停。我一直忘不了一位老奶奶送我糖果的事情。那个时候，无论是街道还是人都是十分温暖的。

以前随处可见这样的地方，空间的"借出、借入"被认为是理所当然的。

战后，伴随着日本经济的快速增长，城市化的快速发展，农村人口开始涌入城市。为了给这些人提供住宅，许多公寓和住宅区拔地而起。

我们在被称为农村的狭小的共同社会中憋屈地生活。这里的人际交往是一种烦琐的事情。

城市虽然人口众多，但大多数连自己的邻居都不认识。但是从另一方面看，他们没有人际交往的烦扰，也不需在意无聊的传言。这是件多么令人身心清爽的事情啊。关起门来生活真是让人倍感轻松。

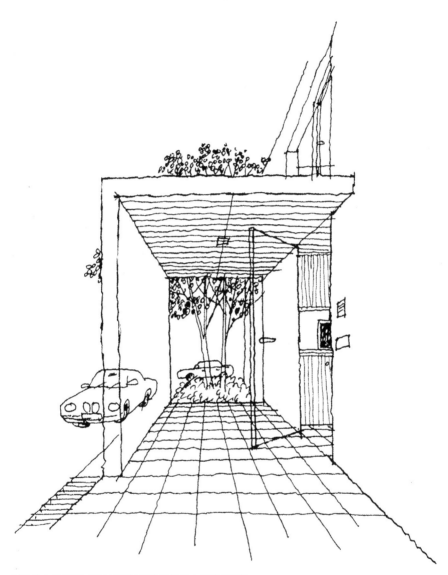

开放的玄关门廊 可以遮雨的房檐能够给人们提供帮助。

S 住宅的车库和玄关口 没有门，水池把玄关隔开，走过小桥后进入玄关。

但是，近来，这样的生活方式开始浮现问题。也就是说世上没有这么便宜的事情。

试想，我们是在社会中共同营生的。共同生活这件事并不是由人类自己的好恶决定的，而是在很久以前，我们就有了不得不协力生活的必然原因。

但是，随着时代的变迁，我们似乎过着与周围人毫无关系的生活，并且，这样的生活似乎也毫无问题。

日本近期的街道布局正是受到这种思想的影响而形成的。这种街道由"门、围墙、百叶门"构成，充满敌意。居住环境是用围墙围起来的封闭空间，因为主人不想被人看见，更不想让人进来。如此构造住宅的出现，是由于主人强烈拒绝与邻居交往，只想要过上轻松的生活。

这么一来，道路就变成了单纯的交通空间，完全被车辆霸占了。拜之所赐，我们才不得不每天在这条无聊枯燥的马路上班下班、上学回家。作为获取轻松生活的代价，街道这一社会性的环境空间变差了。

对于现状，我们应该好好进行思考，即使效果微弱也必须努力唤回适合我们居住的环境。为此我希望每一家、每个人在建造住宅的时候，能考虑到外部社会，即使只考虑一点点也好。如果能够将自家空间与外界分享，摘下百叶门，打开大门，在面向马路的地方栽上植物，那么道路就会像以前那样能够让人避雨、站着聊天。这样一来，"优先考虑他人"这一令人快乐的生活环境就会回来。

车库和玄关的通道一体化　一种似乎可以接纳任何人的外观。

19● 住宅能够造就风景

——住宅不仅属于个人还属于社会

街道的景观常常被喻为交响曲。

交响曲中有着各种各样的乐器，乐器又有着各自的特色和音阶，这些不同乐器协调起来能够成就美妙的乐曲，感动人们。如果其中有某种乐器自顾自地演奏，那就是杂音了。我们的街道决不能变成那样。

自家内部的布局固然重要，但是住宅外部的设计也很重要。

有人甚至断言，只要看住宅的外观就能分辨出住在里面的人的品质和教养。

居住环境好的地方 由道路、人行道、庭院、绿地等构成，没有围墙和百叶门。

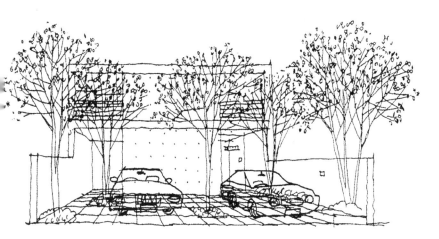

车库就像栽了树木的前院

将车库当作交流空间来使用 树木有助于进行季节性装饰。

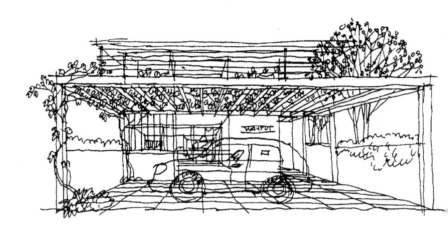

车库上方设置爬满植物的藤架 造就一个充满人情味，能够感受四季的街道。

车库没车时就将它改为聚会场所和孩子们的游乐场 尽量将生活向外界敞开，有利于造就一个更居住地。

只要聚在一起，家人们提出的喜好便如百家争鸣："屋顶一定要是歇山式屋顶"，"不，西班牙的瓦屋顶也好"，"外观的话还是前几天在杂志上看到的南欧普罗旺斯风格漂亮"，"庭院一定要是英国风的"……不知道是不是因为这原因，近来日本的住宅任由各家各户的兴趣爱好来建造，甚至到了被人在背地里批判为"无国籍""异国趣味"等等。日本传统的审美意识到底上哪儿去了？

日本大部分人的意识都是"房子并不是为了照顾到谁而盖，它是一生居住的地方，所以当然要按自己喜欢的样子去盖"。

我并不是不理解这个想法，但也不该忘了每一户人家都是构成住宅环境的一个要素。像欧洲街道那样，根据地域特点来统一构造和色调也是很有必要的。

我们在一个住宅里居住的同时，也生活在一个被称为街道和村落的共同体当中。因此，我们建造的房子应该要让周边环境因它的建造而变得更好。

如果认为只要自家好就行而不管周围其他人家，那么建造出来的住宅，无论怎么装饰都绝对不会好看。

美丽的住宅并不是由随意的形态和装饰构成的，而是指形态规则、简洁的住宅。

这是想要盖房子的人所要承担的社会责任。

20 ● 社区是一种安全保障

——建造无犯罪住宅区的方法

一般而言，如果经济不景气，入室盗窃就会增多。于是，居民就开始谋求一些自卫的对策。首先是在房子周围筑起又高又坚固的围墙，在窗户上安装格子和百叶窗，并在所有的出入口装上好几把锁。再加上"完全不想让别人看到自家生活情景"这种对隐私的过度保护，我们住宅地的街道已经成为被围墙包围、毫无生气的封闭空间。

但是，这样毫无生气的街道恰恰是最容易发生犯罪行为的地方。在入室行窃的人看来这是一个绝佳的行窃环境。因为如果能够迅速翻越围墙、进入院落，就可以不慌不忙地行窃而不被发现。让人感到讽刺的是，高高的围墙在盗贼看来恰恰是十分合适的隐身衣。

居民对自己的居住环境越不关心，邻居之间关系越是冷淡，往来行人越少的区域就越容易发生犯罪行为。因此，整个社区的居民应该联手，共同打击犯罪行为。

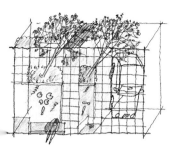

用水池之类代替围墙的方案 能让家家户户感受到温暖和愉悦。

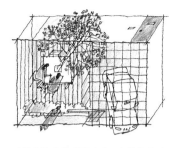

建造有连廊的庭院方案 和纵向车库并排，在中间用低矮的围墙隔开。

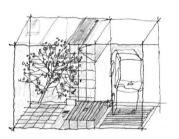

不好的街道环境 由封闭的围墙、门窗、百叶门构成。

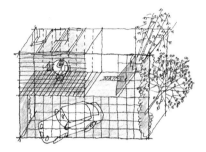

横向车库外围设置网格围墙 能让人感受到生活气息的房子。

家家户户对外开放的街道 能够感受到彼此的生活气息。

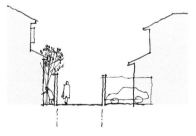

高围墙林立的街道 对犯罪者来说很便利。

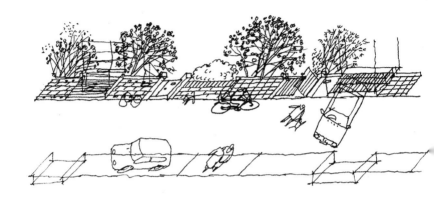

在日本普通住宅区常见的封闭的街道

　　如今，出现了想要改变左邻右舍无交往、街坊邻居不关心的住宅环境的趋势。

　　古时候的熊五郎和八五郎居住的长屋，是一个居民交流密切的地方。即使在小巷里也充满着生活气息，这使得盗贼无可乘之机。

　　为了建造一个像这样的安全街区，就要加强左邻右舍之间的交流沟通。首先，我希望每家每户都能打开大门向街区开放，让生活气息充满街区。这样一来，邻居间相遇、谈话的机会就会自然而然地增加，感受到彼此的生活气息，然后街坊邻居就会开始互相关心。这才是真正的社区，同时这样的人际关系网也能够成为防范犯罪的网。

充满绿意和街具的开放式街区

如果能够创造出一个面向道路栽种花草，一边清扫道路一边跟左邻右舍闲聊的居住环境，那么犯罪者就没有可乘之机了。

日本人的日常生活跟道路有着密不可分的关系，这种关系甚至在历史上被称为"道路文化"。

而且从古时候起，就有一个用来表示近邻密切关系的词语——"远亲不如近邻"。这指的是由对面隔着马路的三家、旁边两家以及自家，共六家组成的小规模近邻团体。就像这个词所表达的一样，近邻之间的关系如果密切，就会造就一个令人住得舒心的街区环境。即使不花高价去打造一个像保险柜一样的住宅，也能够营造出防止犯罪行为的居住环境。

21 ● 让人想要入住的街区

——美丽的景观源自居民的努力

门前通道的尽头是中庭 用玻璃分隔玄关使中庭能被看见。

　　经常出现在好莱坞影片里的比弗利山庄美不胜收，我想无论谁都想住进去。路边街道树木林立，庭院里有精心管理的草坪，屋外还有白色露台。因为没有了街门和围墙，生活气息散发到街区的景观十分美好！

　　这么美的景观并不是一开始就有的，而是住在那里的居民努力造就的。因此，只要我们努力，就有可能将住宅区建造成美好的居住环境。

如此，这个住宅区周边的资产价值也会自然而然地增加。另外，如前所述，此举还能造就一个安全的居住环境，真是一石三鸟。

但如今令人遗憾的是，放眼周围的居住环境，住在这样的环境里的人是极少的，可以说这样的居住环境只是特例。

尽管如此，如今并没有这种环境的我们也不该甘于现状，而应该努力地去改变我们的居住环境，即使改善一点点也好。

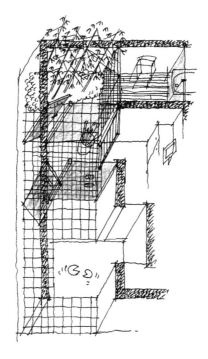

前方是浅浅的水池 视觉焦点在中庭。

　　如前所述，首要条件是每一位居民应该对这种适宜居住的环境投入热情，从小事做起。

　　人们如果能够建造出有利于改善整体环境的住宅，哪怕只有一家，也能一点点地改变那里的居住环境形象。而且这家的住宅有可能会发挥"先锋队"的作用，一点点地影响着周围的居民，从而使人们对居住环境的意识慢慢增加。美好的居住环境并不是"现存"的，而是"被创造"出来的。

　　接下来是创造美好居住环境的小方案。

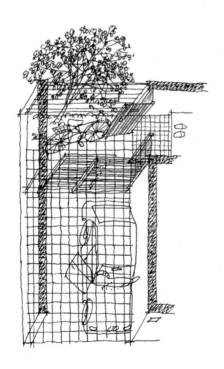

兼具门前通道和车库功能的玄关　门是格子门，右手边有玄关的门扇。

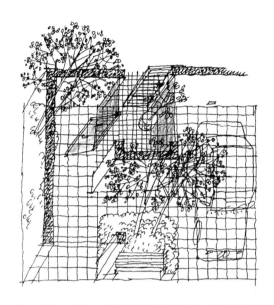

空间有富余的设计 左边是玄关通道、长椅和植物，右边是露天的车库。

131 页图是玄关入口通道的设计实例。我尝试在通道的尽头设计了一个兼具中庭功能的庭院。通道不设门而用水池来进行分隔，水池上架一小桥，走过小桥后即可进入玄关。玄关被玻璃分隔成了一个箱型空间，所以从外面虽然能看到尽头的中庭，却看不见房屋内部。

132 页图是兼具门前通道和车库功能场地的设计实例。车库最大的缺陷是当没车的时候，看起来就像地下室或者仓库一样毫无人情味。如果把车库和门前通道融为一体，就能够扩大空间，让人觉得车是停在门前通道上而不是车库。

133 页图是一个空间比较宽裕的设计实例。在前面设计了一个讲究的露天场地，给人一种街角小公园的感觉。那里既是车库，也是通道。

露天场地里有供人们休息的长椅。如果真有这样的街角，那一定是令人高兴的事。

设计好的玄关通道 用树来代替门和围墙, 加上格栅和长椅, 就能营造出一个美好的居住环境。

第五章

空间才是生活的财产

22
● 可惜的是东西还是空间？
——住宅不是仓库

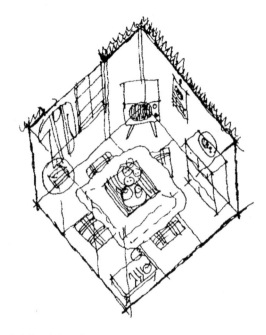

有古老暖气桌的"茶の間" 夏天的暖气桌就变成了矮饭桌。

　　我喜欢日文"茶の間"（茶之间，chanoma）这个词的发音。一听到这个词，脑海中便会浮现出温暖的家庭氛围。（"茶の間"一般指日本人吃饭、看电视、喝茶的生活起居室）

　　大约四张半榻榻米（7.29平方米）的房间角落有小巧的茶柜，房间正中间摆张矮脚饭桌，生活十分简朴低调。一到冬天，矮饭桌就变成了暖气桌，全家人都在这个狭窄的房间，吃饭和团聚充满了欢乐。

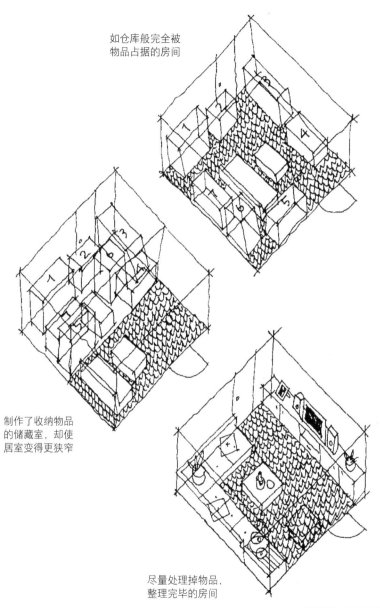

如仓库般完全被
物品占据的房间

制作了收纳物品
的储藏室，却使
居室变得更狭窄

尽量处理掉物品，
整理完毕的房间

整理被物品围绕的空间

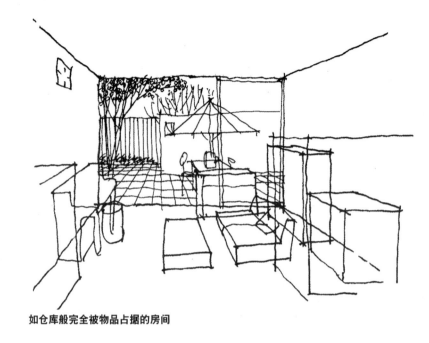

如仓库般完全被物品占据的房间

伴随着日本进入经济高度发展期，人们可以很容易地获得"物质"。我们在消费和享受物质的同时，也开始把使用和丢弃物质视为理所当然。

随之而来就产生了大量的垃圾，开始影响地球环境。

时代在变化，现在已从消费时代开始转移，进入有效利用、回收物品的时代。

建筑界也已走过拆旧造新的时代，不仅是建筑物，我们也开始珍惜身边所有的物质，这是理所当然的。我们要重新认识在物质缺乏时代培养出的"可惜"精神。

整理物品用统一固定式家具的起居室

如今我们的身边物质泛滥。放眼望去，起居室里摆着成套家具、电视机、音响、钢琴、电子琴、小茶几，以及其他的收纳家具等。

当然在生活层面上，应该要有这些必需品。但是，这些物品之中有些不常用的，却因为觉得"可惜"而不肯丢掉。

但偏偏现在的住宅越来越狭小，这种觉得可惜的想法，反而产生了一些问题。

房间被物品占据，导致人们没有足够的空间舒适地生活。具有讽刺意味的是，很多人本来买东西是想让生活更方便，结果反而压迫了生活。

实际上，我受人之托设计方案，在讨论物品收纳的时候，下面的这些话让我感到意外。

"我想要一个空间收纳一生都不会使用的物品。"

"没有收拾干净，是因为收纳空间不够，因此我要购买收纳家具来放东西。"

"因为不喜欢被物品包围着，于是就需要更多的收纳空间。"

乍一听这些理由好像都很有道理，但是，我却无法接受这种想法。

一生都不使用的重要物品大概就是古董和充满回忆的纪念品了。要是想收纳那些已经过时的衣服和不能用的包包、损坏的家具和不能看的电视机等，可能需要好几个古时候盖在大宅院里的仓库才够用。

另外，不管是为了收纳物品购买家具，还是扩展收纳的空间，由于住宅的面积有限，都会压缩日常生活的空间。

无论用哪一种形式建造起来的住宅，大部分的空间都会被物品和收纳家具以及收纳空间占据，让每天的生活变得不如意。要是"爱惜东西"算是正当理由的话，房间就会像仓库一样，毫无舒畅之感。

物品收着不用，这才是最可惜的。

甚至，这些不用的物品还占据了"空间"，变成另一种"浪费"。

住宅不是仓库，应该是为了我们可以充满活力地生活而存在的。如果是在东京市中心租一间高级公寓的话，你就不得不支付一个月几万日元的钱来囤积这些物品。

现在物品享有与人一样的待遇，但是我们似乎有必要思考一下，这件物品是否真的值得享有这样的待遇。

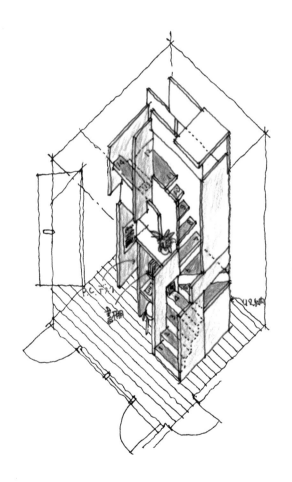

由木质胶合板做成的 S 宅楼梯 嵌入小桌、书架、收纳架等。

23 ● 收纳管理技巧

——给住宅瘦身

安静的餐厅角落 固定式长椅下面可以作为收纳空间。

所谓的"收纳诀窍"，不是将物品收藏起来的技巧，而是将生活中的必要品事先整理保管好，以便随时使用。

然而，物品并非总是让我们的生活更丰富。有时，它也经常会妨碍我们的生活。为了与物品"相处融洽"，把握购买物品和处理物品之间的平衡至关重要。

尽可能地做到，增加一件物品，就要处理掉一到两件物品。而且，在购买之前，务必冷静地判断一下，是真的需要这件物品，还是一时冲动。

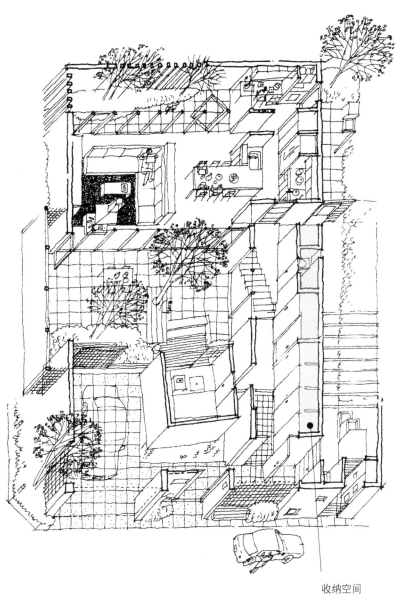

收纳空间

效率好的收纳　沿着走廊摆成一条直线。

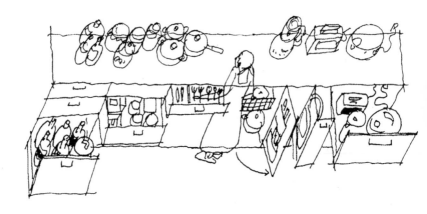

根据要收纳物品的大小、重量来考虑收藏的地方

有了它就方便了！这种想法就是造成购买物品过多的原因之一。我们应该认识到一个事实，那就是在储藏室里堆满了不用的、被收藏起来的物品，而其中数通过邮购方式购买的创意产品最多。

如此回忆起来，耳边应该会响起电视购物频道不断反复出现的"有了它就方便了！"的固定台词。人们常因轻信而购买这件商品，但大多数人最后可能只用了几次。

希望大家能知道，在壁橱的空隙之间，用在百元店（这里的元是指日元）买来的东西做成收纳架，这种所谓的有效利用空间的"妙招"根本就是治标不治本的。这无异于是让坏胆固醇在我们体内不断积聚。

和人体一样，给住宅瘦身的时代已经来临。

为了给住宅瘦身，有比购买创意产品更加方便又聪明的方法，那就是我们的头脑和双手。也就是说，依赖物品之前，先动动我们的脑进行一下思考，然后运用自己掌握的技术。比如，即使没有占地方的健身器材，运用我们身边常见的椅子和楼梯等生活用具的话，同样可以解决运动不足的问题。便利的东西，有的时候反而变得不方便了，这样的情况有很多。

如果物品不能在需要的时候立即拿出来用，就会失去意义。但是，现在的生活中，东西太多，我们不可能记得每件物品的收藏地点。

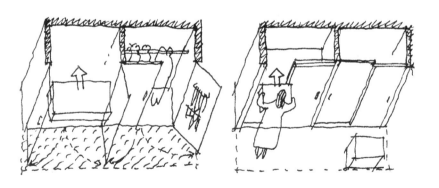

平开门的收纳方式隐秘性好，但需要预留开门的空间

**在固定式沙发下面、 天花板的里面等处嵌
入收纳空间的起居室**

因此我试着想了个办法。

方法就是在设计图上记录重要物品的收纳地方。也就是说，在收纳的平面图上和壁橱上写上收纳的物品名。这样的记录通常很有用。此外，最近也有另一种有效的方法，就是用数码相机给壁橱和收纳架拍照，再将这些照片储存在电脑里面。

造成物品增多的元凶，就是总想着"也许什么时候会用到"，然后就将物品收藏起来。像这样被收藏起来的物品，有时完全没有被使用。物品也就是这样慢慢积存起来的。一旦要处理又会让人犹豫不决，不知道该丢掉还是留下。其实大部分的情况下，即使将其丢掉也不会有太大的影响。

极致的收纳管理技巧，就是妥善整理好"记得住数量"的物品，以便随时都能将其取出。至于记不住的东西应该也是不怎么重要的，而且记忆之外的东西，当然也不会经常使用到，最终的结果也会是被遗忘在库房和收纳的角落里。

绘有收纳物品位置的平面图

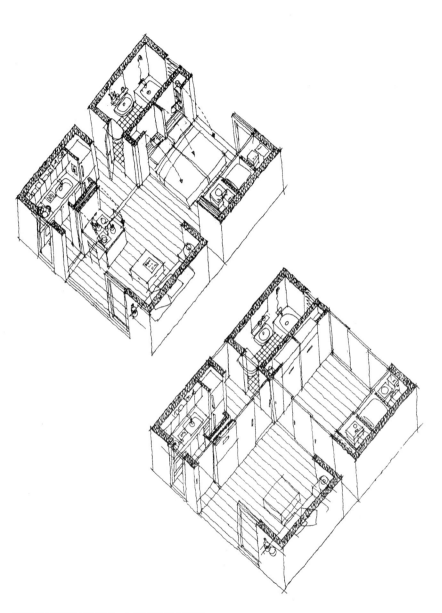

可收纳餐桌和床的住宅 上图是将餐桌和床
取出的情况。下图是将餐桌和床收起的情况。

24

漫步在衣橱

——效率好的收纳空间的获取方法

卧室的衣橱和更衣间

现在，关于住宅的主流趋势是衣物间和无障碍空间，以及面对面式厨房和免维修等。

衣物间直译的话就是能在里面到处走动的衣橱。因为有很大的面积，所以可以收纳大量衣服。对于拥有许多衣服的女性们来说，衣物间是梦寐以求的空间。

漫步在衣橱，挑选今晚宴会的礼服……这样的情景，光是想象就能让人激动不已。什么衣服放在什么地方一目了然，而且还有一个优点就是不会把衣服放到忘记。

因此，衣物间就成了"梦想的收纳"，但接下来让我们看一下实际的情况是怎样的。

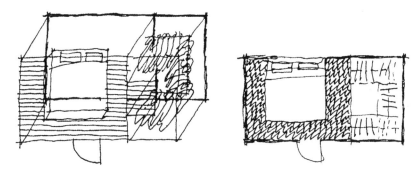

コ字形的衣橱 半张榻榻米的可踏入空间，吊架的长度是 2.7 m。

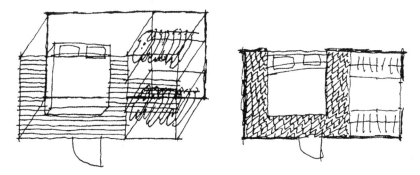

并列型的衣橱 一张榻榻米的可踏入空间，吊架的长度是 3.6 m。

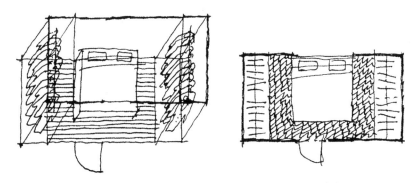

墙面型的衣橱 卧室和壁橱的面积同以上两种方案相同，但吊架的长度变成 5.4 m。

　　如 151 页的图所示，假设有一个大约三张榻榻米（4.86 平方米左右）的衣物间，标准的住宅一般能够预留这样大小的衣物间。因此，151 页上图是在卧室的旁边将挂管架悬挂成コ字形的设计。这样在入口处附近能有半张榻榻米（0.81 平方米）的空间，虽然能够进去，但是不能在里面到处走动。还有，能够看到悬挂的衣服的长度是半间房的三倍，也就是一间半（长度单位，一间大约 1.82 米）大小。

　　151 页中图是平行悬挂两列衣架的衣橱。在正中间会有大约一张榻榻米（1.62 平方米）的空间，这样的面积可以在里面更换衣服；衣架的

长度，也就是能看到衣服的长度是两间（一间大约1.818米）。因此，转变一下想法，不拘泥于做一个可以直接走进去的衣物间，而在走廊或者卧室的墙面上摆放大约三张榻榻米（4.68平方米）的收纳空间，如151页下图所示。正如所看到的，三张榻榻米的面积全部可作为收纳空间使用。这样看来，显得相对狭窄的衣物间，也会是效率好的收纳。

标准收纳空间大约是住宅总面积的6%～8%，也就是30～40坪（约90～132平方米）左右住宅的标准收纳空间为4～6张榻榻米（6.48～9.72平方米）的面积。如果这样的话，要做出如前所述的可以漫步其中的衣物间，并非易事。

左侧是衣橱，中央隔着带天窗的浴室，右侧有卧室 浴室和卧室用玻璃隔开。

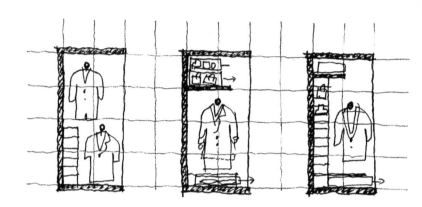

衣橱内部的使用方法　确认衣服的种类和数量，有效地利用衣橱内的空间。

　　住宅面积是一百坪（约 330 平方米）以上的话，"可以漫步在其中的衣物间"或许可以实现。

　　换句话说，足以漫步在其中的衣物间，只有在大到可以到处跑的住宅里，才能实现。

第六章

共同创造优质生活

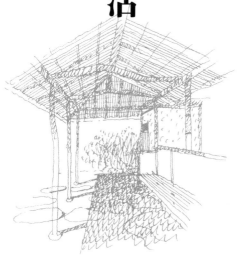

25

●照明细诉爱语

——与光亮相比，更重视照明的品质

如果从视觉性的角度去认识物体的形状和空间，那么不可或缺的便是光线。光线是认识空间最重要的信息媒介。

但是，在构建住宅时，我们的注意力往往集中到住宅的设计以及房间的大小等方面，不知不觉中我们便忽视了有关照明方面的事宜。

我们不能轻易忽视照明的重要性，因为光线不仅仅让我们从视觉性的角度去认识物体，它还对我们的心理产生极大的影响。

置身于空间之中，只靠光亮是无法让人保持心情舒畅的。而保持愉悦和宽松的心情，优质的光线则不可或缺。

光线有"亮"和"光"这两种说法。"亮"只用来形容明亮，揭示相对于黑暗的物质性、定量的评价标准。它不涉及人的感受，不是关乎感性的衡量标准。

另一方面，"光"将物体和人物衬托得更加美丽动人，是一种治愈心灵的光线。蜡烛和暖炉的火焰，白炽灯的光线等，都可以归入这一类别。

虽不若"飞蛾扑火"那般执着，但我们却很自然地被灯光所吸引。因为那种晃动的火焰，不可思议地俘获了人们的心灵，给人们带来宁静。

我们在考量照明器具时，容易被其形状和设计迷惑，而忽视这种照明器具是否投射出优质的光线。

此外，照明的配置和数量是装饰房间的关键。不露光源的间接照明，以及透过和纸或漂亮玻璃的半间接照明所映射出的空间异常美丽。落地灯和台灯的光线也将空间衬托得更加迷人。

正如前面所说，优质的光线在将物体和人物衬托得更加美丽的同时，也会柔和人们的内心。色彩鲜明的绘画，散发出迷人光芒的宝石，单凭明亮的灯光照射是无法凸显其魅力的。如果这种光线不属于有衬托效果的光线，那么它便无法映衬出物体真正的光芒。

如果在天花板上挂上向下垂的三重环形荧光灯，使室内透亮，这不仅使人们无法安心休息，而且还使房间中的摆设显得平淡无奇。原来我那么迷恋的妻子竟是这副模样……如果让人产生这等想法就酿成悲剧了。

毋庸置疑，无论是安静舒适的生活，还是细诉爱语，蜡烛的光亮远比荧光灯更加适合这种氛围。

温暖人心的优质亮光

26 ● 手工照明的蜕变

——降低光线重心的效果最佳

我曾造访过京都的一间老房子。

京都房屋结构的特点就是狭长和深远。即房屋的正面入口狭窄，内宅距正门较远。有通庭（通往内宅的小庭院）之称的过渡空间一直往内宅延伸，所到之处都设有庭园。庭园起着通气和采光的作用。这里的主人在铺着榻榻米的客厅接待我，与我谈话直至日落。这时，周围笼罩在淡淡的昏暗之中，主人却不开灯。

我以为这家主人是为了节约用电，但事实却并非如此。

散落在庭园的光线，巧妙地产生不规则的反射，柔和的光线从侧面映照出大家的脸庞，将脸庞映衬得深刻鲜明，产生了一种无以言喻的美。

不知从什么时候开始，日本的住宅照明变成了发光效率极佳的荧光灯，而且每个房间的天花板都安有一盏，可惜这种照明除了明亮，是既没氛围也没情趣的照明。

话说，以往的灯笼和神灯的光线位置都很低。与京都庭园中从侧面照射进来的光亮有异曲同工之妙。正如某位照明专家所说的那样，稍微降低光线的重心，容易使人放松身心。这个观点和京都庭园的照明设计相吻合。

我们必须开始改变这种观念，即照明必须挂在天花板上。建议大家将照明器具设置为落地灯和台灯那样的低位照明。

在对家人非常特殊的日子里，我们可以尝试用照明改变氛围。当然蜡烛也是一个不错的选择，但是如果利用好身边的各种条件，就可以手工制作简单的照明灯具。使灯光通过各种各样的滤光器转化为优质的光亮。可以使用和纸、竹篓，也可以使用塑料的废纸桶和布袋等。

透过滤光器的光线柔和洗练，能够舒缓心情，容易营造氛围，让人细诉自己的梦想和爱语。

大家可以尝试去制作简单的照明灯具。这样，房间的氛围以及您的心情都会发生变化。

利用栽培花木的挂篮制作的垂饰照明

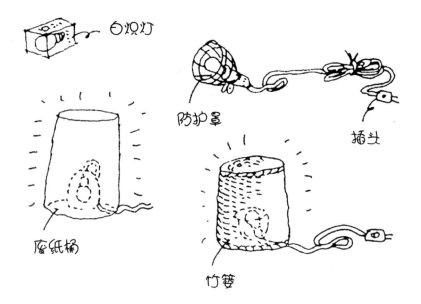

白炽灯

防护罩

插头

废纸桶

竹篓

以上是利用废纸桶等身边的物品制作的照明器具

阳台照明 利用废纸桶等手工制作的照明工具所装饰的阳台。

利用竹篓制作的照明工具和蜡烛

烛火给人以宁静感

麻袋

捕鱼
的鱼篓

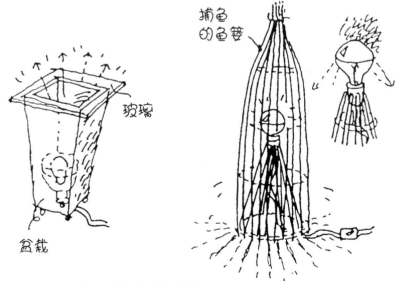

玻璃

盆栽

以上是用竹制品和花盆等制作成照明器具的例子

27

高品质住宅

——像待人接物那般对住宅表示敬意

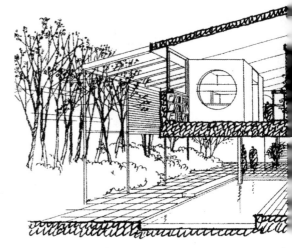

充满光、风、绿意和水的住宅 植物、水池或露天阳台的维修是生活的一部分。

我们大家都在互助合作中生活。

当他人特别关照自己时，向他人答谢是一种普遍礼仪。

我们从家里得到的恩惠数不胜数。能够为我们遮风避雨，抵挡寒暑的也只有我们的住宅。

而对于如此庇护我们的住宅，我们却不曾为它做任何事情，这是多么的不合情理！

以前，一到年末，人们会掀起榻榻米，拍打上面的灰尘，擦拭格子门，打磨玻璃，重新换上拉门。这些活动是对一年来关照自己的住

宅表示感谢的一种礼节。

　　现在，一般人觉得免维修，即什么都不用做，不用花费精力的住宅最好。虽然这不是什么坏事，但是我却无法认同。

　　这是住宅完全物化、商品化的证据。如果我们对住宅也像对人那样，抱有相同的感情，那么我们的住宅肯定会更加生机勃勃，更加结实耐用。

　　例如，如果住宅的外墙有损坏的迹象，那么我们就应该对其进行修护。这与人们为了避免生病进行健康诊断和定期体检是一个道理。

　　现在，有多少人会精心呵护自己的住宅呢？的确，住宅只是一种物品。

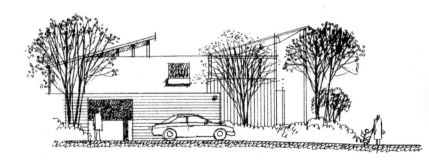

由自然素材和盆栽构成的房屋外观

　　但是，如果从下面的角度来思考，人们与住宅的互动便会增添各种不同的相处方式。

　　人们在炎热之时，会打遮阳伞，穿质地轻薄的衣物；寒冷时，会用围巾和暖炉取暖。针对不同的时节，采取不同的措施。

　　为避开炎热的阳光，人们会挂上苇帘，在种满牵牛花的架子旁避暑；如果刮起台风，人们便会用板子紧固门窗；为了防止房顶的瓦片被风掀走，不断来回巡视……人受到住宅的庇护，住宅同样也需要人的帮助。住宅与人相互依存，将这种温暖的关系持续下来。

　　但是，现在不用为住宅做任何事情，住宅也不会受到损坏，这是幸运还是不幸呢？人们只想着从住宅获得东西，却再也不会思考给住宅带去东西。

　　人有一种叫人格的东西。而住宅也同人一样，有其自己的"人格"，即"房格"。对家时常抱有关爱之情，适时修护，那么您的住宅就会同人一般，成为具备卓越品格和气质的住宅。

地下带中庭的住宅 为了给石材以柔和感，与天然的木材搭配使用。

28 ● 第二建议与干扰信息

——他人建议的功过

如果是值得听取的第二建议，当然大受欢迎，问题是那种一知半解不负责任的信息。像这种"干扰信息"会变得非常棘手。一提到建造住宅，一般都会听到很多这种信息，简直让人受不了。

正如有表面就必定会有里面的道理一样，集长处和短处为一体的才是建筑。如果一直讨论其缺点，便会没完没了。受这些信息的干扰，即便不断去改正住宅的缺点，同样还是会出现不好的部分，这样做绝不会有好的结果。

我举个关于玄关地板的例子。

原本计划是不惜成本将玄关地板和前廊部分砌成石面，不取斜面，将地板水平铺设。

之所以将其水平铺设，是因为放置花盆和雨伞等时，其稳定性好，不容易打滑，完工后更能凸显房屋的美观等。但是，客户却从某人那里听到了一个荒谬的意见。那个人觉得玄关"容易被泥土弄脏，所以将玄关设计成可以水冲的形式才可以"。我恍然大悟，觉得颇有道理，但是同时又想起时至今日很少有泥土弄脏鞋子的情况。即便鞋子被弄脏，人们一般都会用毛巾擦干净，于是问题也就随之解决了。

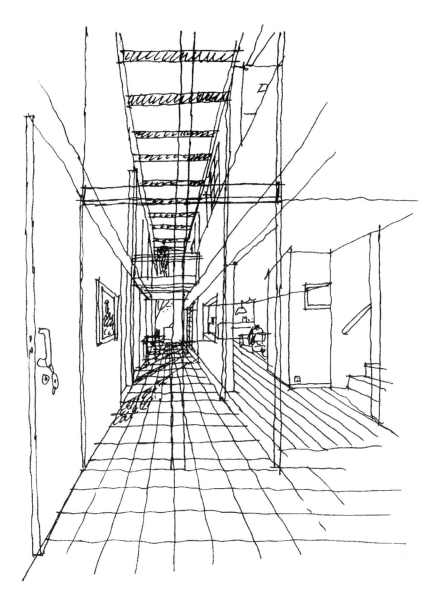

住宅内部完工后的正门地板和素土地面

但是我还是尊重采纳他人意见的客户，并按照这个意见，把地面设计成斜面，并加上排水槽排水。

结果，由于采用斜面，插放雨伞的陶器打翻摔坏，而且排水槽的进水口有风的声响，虫子也从这个进水口爬进来，弄得大家不得安宁。此外，如果不小心忘记放下婴儿车和轮椅的刹车，婴儿车和轮椅就会有撞到玄关的危险。

但是，新建后的数年间，一次都没有遇到过用水冲洗的情况，不知道这是幸运还是不幸。以前，厕所的地板也出现过类似的情况。由于人们认为厕所的地板很脏，所以厕所各处都设计成可以用水清洗的形式。但是最近，干洗方式却成了主流。

另外一个案例是关于忠告的例子。这个案例涉及厨房的悬挂式橱柜，在将柜门的开关设计成"平开门"还是"推拉门"方面，意见发生了分歧。A的意见是设计成"推拉门"。其原因在于地震时，里面的东西不容易掉落。B支持"平开门"；B觉得推拉门为了能够容纳两扇柜门，势必留出缝隙，致使密封效果不佳，所以觉得平开门比较好。

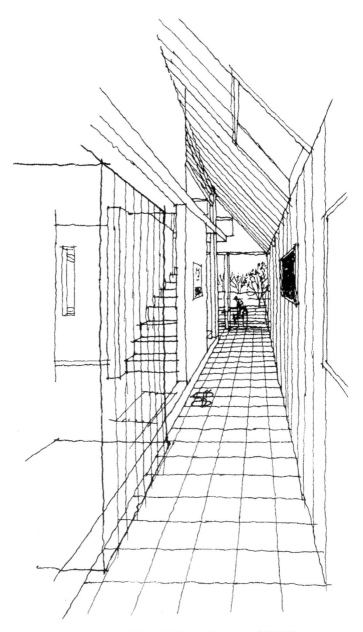

N 住宅的正门地面 中庭的地面空间被设计成用途多样的空间。

　　仔细想想，两个意见都有其中肯的地方，不知道该如何抉择。这个问题在于是选择地震的发生概率，还是选择日常使用的便捷性，所以很难得出结论。例如，如果明天就会发生地震，那么结果就显而易见。但是如果几十年来都没发生过地震，那么就不用考虑地震的因素。

　　建筑在很多时候都会遇到这种难题，无法立即判断抉择的优劣。

　　因此，倾听他人的意见显得尤为重要。但是，对他人的建议，是持相信态度，还是听听而已，或者该选择其中的哪个，这种最终的判断，无论是对我们建筑师还是客户，都是一个难题。

　　如果不能合理判断外部提供的各种信息，坚定自己的信念，那么就很难建造出富有个性的住宅。

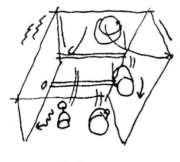

平开门

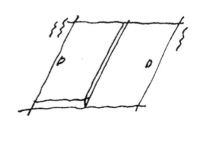

推拉门

平开门和推拉门的差异

通风的开放式起居室 冷暖气设备的效果不佳，但是面积宽敞，非常舒适。

29 ● 为什么会出现劣质住宅？

——用人不疑，疑人不用

劣质住宅和豆腐渣工程经常成为热议的话题。

每当出现这种话题，认真工作的从业人员就会非常困惑。我和这些从业人员以及工匠进行交谈时发现，他们觉得根本没有必要如此"费神费力"去偷工减料。他们怎么也想不明白，为了节省一点点材料而去偷工减料，这省下的钱又不能供他们花一辈子。而且这样做会失去社会对自己的信任，连作为人的尊严以及自尊心都会随之而去。真不明白还有什么东西值得这些人一定要那样做。

建筑工程根据一定的流程进行。按这个顺序有效进行，就有可能降低成本。有时作为废弃的材料，可以用于应急。如果没有妨碍的话，也会使材料得到有效利用，这也是合理的。此外，就算是手艺娴熟的工匠，也难免会出错。但这只是失误，并不是偷工减料。因此，如果出现失误，工匠和从业人员也会承担起各自应有的责任。

这样一想劣质、偷工减料的问题，就会让人联想到中间有一些图谋和念头，如总承包商和分包企业间的冲突等。

设计、建造住宅需要客户、设计者和建造者的共同协作。可以说，这种关系的好坏直接影响了住宅的性能。缺少任何一方，都不会得到好的结果。

为了防止偷工减料，终日在施工现场监工，带着猜疑心去监视工匠的工作，这样工匠也不会做好工作。

工匠对工作的喜爱，以及居住者对其的信赖程度的多少，都会变成工匠对工作的热忱和干劲。如果被他人信赖，工匠也会竭尽所能，因为做好本分是匠人们的职业素养。

因此，不要去数落自己不满意的地方，时常看到好的一面，能够留心并对其进行评价，自然而然就会远离偷工减料等问题。

须时常站在建造者的角度思考问题，让工作的人保持轻松愉悦的心情，这也是客户获得优质住宅的一大关键。

每个人都一样，都想得到物美价廉的住宅。因此，希望建筑费和设计费尽可能的便宜，这也是理所当然的。

有时，我们会听到某个建筑行业的人说"免费提供设计"。但是，我无法想象这些从事设计的人提供了无偿的劳动。这句话暗藏什么玄机，聪明的读者一看便知，不用笔者在此赘述。

设计一所住宅，从基本设计到施工设计，再经过现场管理到竣工，必须绘出五十至一百张的图纸，须花费大约一年的时间。设计费或许会便宜一点，但是这项工程并不是免费服务就能够完成的简单工作。经过不断地推敲，不断绘出基本设计图。在设计图上绘出住宅的各个角落，才可以得出正确的成本价格，完工后也不会出现分歧。这才是真正意义上的设计业务。如果只需画几张房间的平面布局和外观图等，就可以了事，这种简单的操作肯定是可以免费的，但是这却算不上设计。

购买成品房的情况则另当别论，那种从设计到建造都委托给建筑方的住宅，须在没有看到成品的前提下，下订单签合约。这种情况下，成本的高低与否固然重要，但是与设计者和建筑方的信赖关系也尤为重要。

某客户不断砍价，不断交涉，使经营者几乎在没有利润的前提下，签下合约。客户为了不上当，不吃亏，做足了功课，认为这是自己不断努力的结果。

但是，业者的情感是非常微妙的。任何人对这种几乎没有一丁点利润，而且一不小心出错就会赔钱的工作，都不会有任何热情。

在这种情况下完成的住宅与使用正常成本完成的住宅完全不一样。因为没有投入精力的工作是不会做出好成绩的。虽然没有偷工减料，但是在隐形的部分会出现细微的差别，而这些差别只有专家才能辨明。

对于这种案例，我认为从长远来看，这个客户绝对没有得到好处。将来肯定得对住宅进行维修，而且还会遇到一些附带的小麻烦。因此，业者和住宅是伴随客户一生的。熟知隐形部分的业者，拿我们的话来说，就相当于主治医生。万一发生什么问题，能够立即看清病状，进行切实的护理。住宅建成后，一切并没有结束。它必须经受时间的洗礼，数十年如一日。

总的来说，如果客户、设计者以及建筑者保持良好的信赖关系，偷工减料导致的劣质住宅等，就没有出现的机会。

30 ● 是宽敞，还是浪费？

——充分利用空间的居住方式

从起居室观看到的中庭　中庭多充当日光浴室和宴会会场等。

可以说，住宅的设计决定了如何配置我们的生活空间。

此时的问题便是能否使用这些空间。

所谓能够使用的空间，是指具体明确使用方法的空间。而不能使用的空间，多指使用目的不明确的暧昧空间。因此，很多人认为这种空间很浪费。

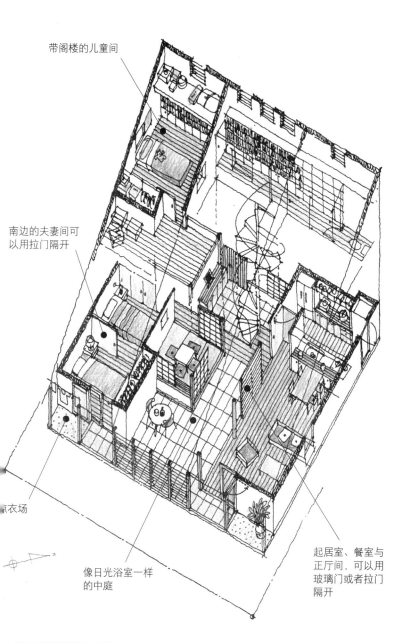

带阁楼的儿童间

南边的夫妻间可
以用拉门隔开

晾衣场

像日光浴室一样
的中庭

起居室、餐室与
正厅间，可以用
玻璃门或者拉门
隔开

大片倾斜屋顶覆盖中庭的住宅

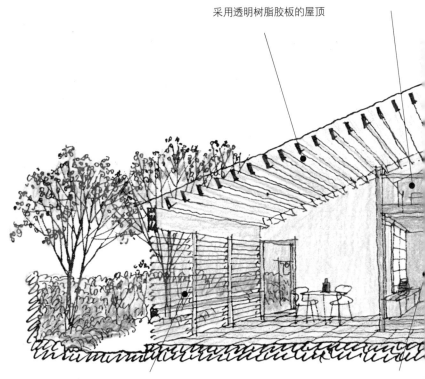

采用透明树脂胶板的屋顶

日式阳台

固定的玻璃百叶窗

日式房间

中庭部分的剖面　右边北侧面朝道路。

间接照明

书架

屋顶天窗

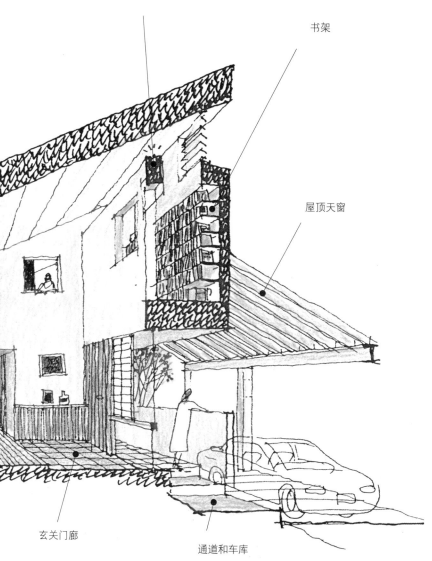

玄关门廊

通道和车库

利用一部分空间设计而成的日式房间　与住宅分开的舒适空间，可充当客房和书房等。

比如，我们将打通挑高的空间作为例子进行分析。

它的缺点在于空间过大导致暖气不起作用。铺上地板，则可以多出一个房间，从而避免浪费。

这样做，可以扩大地板的面积，节省暖气费用。又或者选择透气的空间，保持放松的心情。这是一个二选一的问题，等同于是选择宽敞还是选择浪费的问题。

这里说的不只是通风的问题。客户当然也不是为了装门面，客户只不过是建了一个宽敞的玄关，在这个大空间中放了一张小桌子和椅子。这个空间可以成为简单的接待室，也可以成为主人的书房。而且，还可以变身为栽培花草的日光室。也就是说，看似浪费的空间，如果琢磨好使用方法，也可以作为充实生活的多功能空间，加以利用。

充分利用所有闲置的空间，按功能对这些空间加以细化，完全限定了使用方法的这种毫无趣味性的住宅，会使人们的日常生活僵化，从而使住宅变成乏味、煞风景的住宅。

如果一直长时间持续平淡无奇的日常生活，那么任何人都会变得墨守成规，对生活没有一丁点激情。这个时候，如果将闲置的空间加以有效利用，就会显得非常宽裕。

从二楼儿童房看到的玄关门廊

31

● 是否只能使用内部空间，不能使用外部空间？

——半户外空间使生活多样化

我们的周围已经完全被西洋化的浪潮席卷。与此同时，西洋化对我们的住宅也产生了影响，日式空间变得越来越少，这个问题也变得越来越严峻。

檐廊和土间等空间是最适合日本风土气候的优质空间。

这种空间被称为中间领域、缓冲空间等，虽然其既不属于内部空间，也不属于外部空间，但是这种空间却将我们的生活点缀得多姿多彩。

檐廊如果关上外部的护窗板，再关上内侧的拉门，整个空间就会变成室内。如果将护窗板和拉门都打开，那么外部与内部就能融为一体，风与光线等自然元素就会进入内部空间。

如果这种空间的种类多样，那么这种空间中的生活也会变得多样化。

带藤架的住宅
全被植物覆盖。

带露天阳台的户外空间以及带半户外空间的住宅 百叶窗和藤架上爬满了葡萄藤和紫藤等，营造出另一个空间。

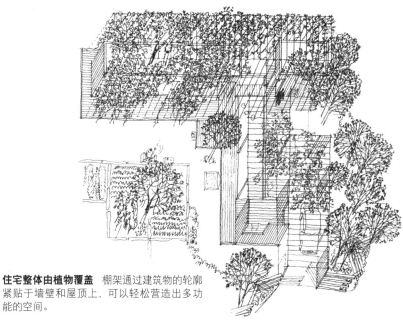

住宅整体由植物覆盖 棚架通过建筑物的轮廓紧贴于墙壁和屋顶上，可以轻松营造出多功能的空间。

藤架使户外空间的用途多样化

　　内部只能作为内部空间使用，但是半室内、半户外的方式，可以视情况任意调节为内部空间或外部空间使用。而享受这种随意支配空间的感觉使生活变得多姿多彩。

　　这种过渡领域，可以在日本传统建筑中发现踪迹。但是，这些半户外空间的过渡领域，并非只能设计于日式住宅中。

　　由于日本的四季变化丰富多彩，除素土通道（土间）和檐廊之外，最重要的在于将各种过渡领域巧妙地融入住宅中。

举例来说，如果在露台上设置藤架，夏天盖上芦苇，可以遮挡日晒；加上顶棚，到了下雨天，可以通过简单的操作，将其变身为半户外空间；在下面放一张躺椅，可以用来午睡，使人心旷神怡；随着太阳西沉，夏季的晚风拂面而来，单手拿着啤酒陷入沉思，此时此景，岂不快哉！

　　如果不这样去领略四季变换的风情，那么在日本居住也太过浪费了。

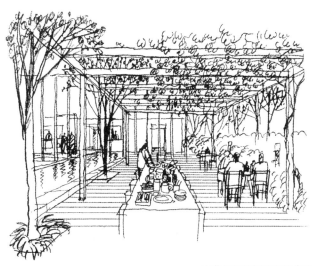

在藤架下举行的丰收宴会

　　本节所举的居住案例是位于城市郊外的度假屋。
屋主的兴趣是管理自家菜园，蔬菜的栽培等自不用说。
等到这些蔬菜成熟，邀约亲朋好友一起烹饪，举行聚
餐活动，也别有一番风味。

　　整个房屋被藤架环绕，落叶植物爬满藤架，遮蔽
了夏日的阳光曝晒，带来凉爽绿荫；开花结果之后，
给我们带来大自然的馈赠。游泳池的尽头设有带屋顶
的独立小屋。将来，只要搬入家具，又可以立即变成
一个房间。不过，最有趣的还是保持半户外的模式。

游泳池的尽头设有半户外的小屋

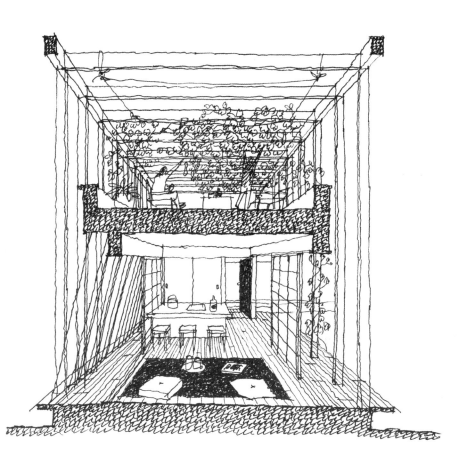

利用植物栽培，创造半户外空间 当植物爬满覆盖在房屋外侧的百叶窗和藤架时，就可以在绿荫下度过闲暇时光。

32
● 半户外舒适空间的创造方法
——挪动、挖洞、拉开

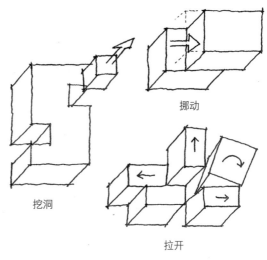

挪动

挖洞

拉开

半户外空间的三个创造方法

　　半户外空间有过渡领域之称，它给我们的生活带来许多变化。设计之时，稍微转变一下想法，下一点功夫，就可以轻松利用这些空间。

　　一般情况下，"挪动"、"挖洞"、"拉开"这三个词给人的印象并不好。

　　但是，这些词在建筑设计的场合，意思却稍有不同。

　　将空间稍微挪动、挖洞、拉开一些，就可以呈现出非常有趣的空间。但是，这个方法关乎结构和成本，虽然不能都付诸实践，但是也不是一个难题。

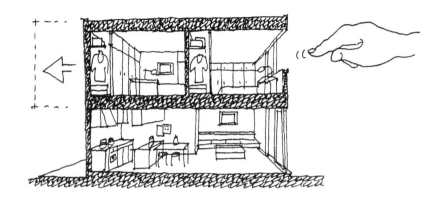

挪动二楼平面空间的模式图

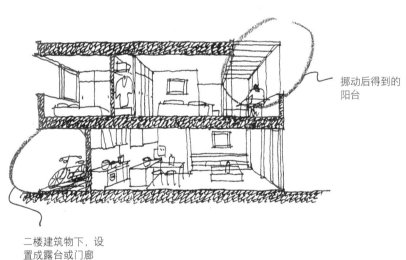

挪动后得到的
阳台

二楼建筑物下，设
置成露台或门廊

二楼挪动部分的剖面透视图 半户外空间可以设计成露台和阳台。

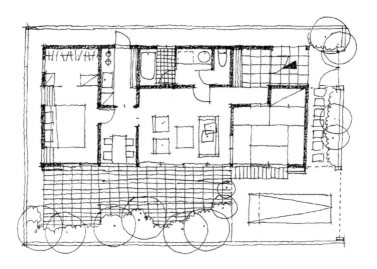

普通住宅的平面布局

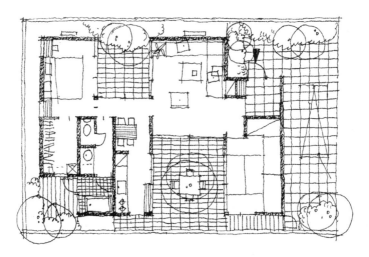

将各个房间和庭院细分排列的平面 面积与上面的平面一致。采光、通风条件都不错，增加了居住的舒适性。

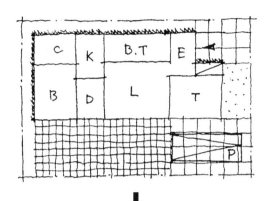

在南边设计庭院和车库，将房间并排为一列的平面住宅

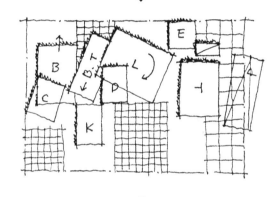

上图平面中的各房间、庭院等分散在各处，重新排序

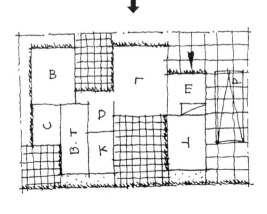

不拘泥于南边的庭院，将庭院细分，加以配置，成为采光和通风条件都较好的住宅

以【拉开】为关键词进行重组

挪动

例如，样式简单的两层房屋本身条件虽不差，但是如果将二楼部分稍微挪动一下，二楼的空间就会更加宽敞、舒适。如189页图所示，简单挪动二楼的空间，便同时出现了阳台和底层架空的空间。阳台的使用方法自不用说，相对方向底层架空的空间可以作为玄关通道或者停放自行车的空间，如果面向餐厅，还可以作为室外的烧烤场所等，使生活模式无限多元化。

拉开

190页上面的图，其房间的平面布局形式随处可见。

这里以"拉开"为主要衡量标准。细分各个房间和庭院，再进行重新组合（191页），就会变成190页下图所示的那种通风性好，采光条件适度的住宅。

其诀窍在于将庭院分割成几处，分散于中庭和小庭院的建筑物中。这样，增加了面对庭院的房间，增加了通过庭院照射进来的光线，提高了房间的通风性能。

挖洞

这种方法主要是指将一个巨大的空间，挖一个缺口或空余出一部分空间，将这个空间作为风的通道，并且发挥采光的作用。从结果上来看，前面所说的建造阳台或底层空架的方法与建造小庭院和中庭的方法，有异曲同工之妙。

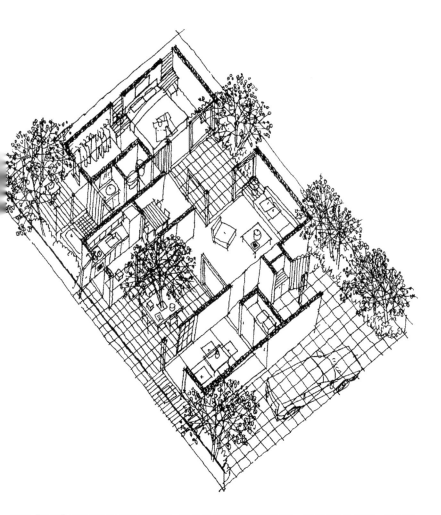

利用"拉开"概念设计而成的平面图 将各房间和庭院分散隔开，腾出宽敞的空间，增加所有房间的舒适性。

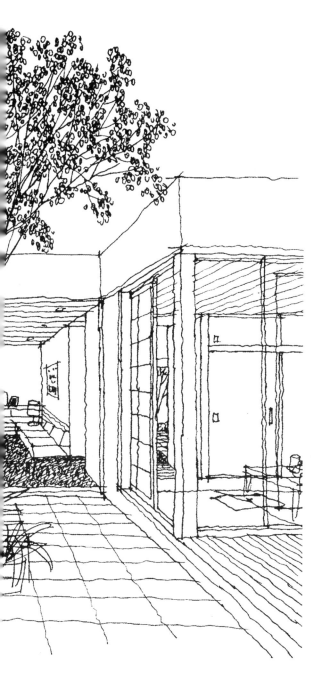

从中庭看到的厨房、起居室和日式房间
厨房和日式房间正对着屋外的庭院，光线极佳。此外，起居室正对两个庭院，显得格外宽敞。

房间分散的别墅 隔开房间,使其接触室外空气的面积增大,采光和通风条件也随之变好。房间四周的室外空间也容易让人身心放松。

如果觉得这些空间太过"浪费"，而将其都设计成房间，那么这个住宅就会显得单调乏味，毫无情趣。

将所有的空间都设计成房间，才真的是"浪费"。我建议即便减少一个房间，也要留出这样的半户外空间。

已限定使用方法的房间，就很难再有其他的可能性。但是，没有限定使用方法的空间，在某种意义上，根据个人所下的功夫不同，可以变幻出很多使用方法。

家人聚在一起各抒己见，讨论如何利用这部分空间，也是一件非常有意义的事，是家人交流的一种体现。

带中庭的住宅 在大楼密集的环境中，它属于比较有效的住宅形式。

33 ● 实物的优点、手工制作的韵味

——避免劣质住宅的天然材料

某个男孩用蜡笔在出租别墅的还散发出树木清香的木墙壁上涂鸦。

事实上，那个住宅是用印有木纹的建材建成的。每当男孩在墙上涂鸦，母亲就会立即去擦拭，使墙壁不受损伤，还原到原来的样子。他就在这样的环境下成长。

这个男孩不能分辨树木的真假，我们对此也无可厚非。

真的树木会被弄脏，当然也会被划伤。真的木材触感柔和，随着时间的推移会变成令人回味的深色。污垢和些许划伤是我们对那段生活的特殊记忆，是一段我们自己的历史。

听到男孩涂鸦的故事时，刚好一家建筑公司要我写备忘录，说明我们所设计施工的住宅地板采用了真正的天然木材。天然木材在其性质上，多少与人工木材有些不同。备忘录可以避免客户的投诉。当然若材料对生活造成障碍，那么该材料就是一种缺陷品了。但是，以毫米为单位的误差正是天然木材的有力证据，也是使用天然木材难以避免的宿命。以往是理所当然的事情，但是现在这些细微的误差都会遭到客户的投诉。

如果客户投诉的原因只是因为这些细微误差，那就太令人惋惜了。

近来，一旦出现这种细微误差，就会被定为瑕疵、偷工减料，其结果总会纠缠到赔偿问题上，闹上法庭的例子也数不胜数。

以前，为了使木材不出差错，人们会用数十年的时间让其自然干燥。而现在，无论是在资金方面还是时间方面，都没有那种机会。一般都用机器对木材进行干燥，而完全干燥的木材是屈指可数的。这样，市场上的木材出现失误的可能性非常高。

现在上市的地板材料主要是在胶合板上贴上数厘米薄的化学建材。这些材料永远不会变色，不会被划伤，不会出现误差，也不会被弄脏。这种不用花费精力的材料，理所当然受到众多消费者的喜爱。

别墅的内部 地板、墙壁、天花板全都贴上木板。

199

但是，事实上，这些化学建材正是造成病态住宅症候群的原因。病态住宅症候群主要表现为眼睛刺痛、头痛以及头晕等症状。其中最严重的是用在建材上的有机溶剂等化为神经毒素，在环境荷尔蒙中产生作用，或多或少地对我们的遗传基因造成影响。

化学建材同时拥有正面和负面这两个面孔。这些建材并不特别。它们被理所当然地用于我们的住宅中，如壁纸、印刷胶合板、涂料等，存在于我们的周围，随处可见。

以往，哪怕稍微有些失误，也会普遍认为天然材料才是"好材料"，而那种零误差、平淡乏味的质感反而令人心生厌恶。

但是，用这种感觉来衡量住宅的人越来越少了。仔细想来，这种感觉与买音响和私家车的感觉相同。基本上，工厂生产的产品与手工建造的住宅所追求的东西完全不同，但是现在住宅也开始被工厂生产加工，所以人们理所当然会产生这种感觉。物品稍微有些划痕和污渍，就会被当作不良品，从而被降价出售。

有的客户用放大镜寻找瓷砖那些细微不平整的地方，索取赔偿。而贴瓷砖是工匠手工进行的，当然多少会有些出入。但是对生活不造成妨碍的误差是在允许范围内的。如果对此喋喋不休，那就是没有理解工厂生产的产品与手工制品的不同之处了。

天然木材有天然木材的优点，胶合板也有胶合板的特色。但是，对我们来说，如果没有看清什么才是真正的好东西就选择，而错失以心灵和感性来体会实物和手工艺品优点的机会，那么我们就真的错了。

真正的地板材料　这是一处极力避免使用新建材的住宅。地板由枹栎的天然木材制成。

34

●住宅建造担负着传承文化的重任

——优质住宅离不开精湛的技术

先前我也提到过，建造住宅不只是我们个人的问题，也是一种社会行为。它涉及景观和交流，是一件非常重要的事情。

但是，我们不能忘记另一点，那就是建筑物的修建与传统文化有着莫大的关联。我并不是要求建筑本身必须具有重要的文化财产价值，而是指要继承前人一脉相承的传统建筑技术。

可惜，那些精湛的技术现已是风前之烛。

泥瓦匠这个职业也已岌岌可危，说它是濒临灭绝的职业也不为过。

泥土墙对人们来说是再好不过的材料，它有调节湿度，吸收有害物质等效果，可有效预防病态住宅症候群。因其为天然材料，所以对环境无害，能够保护环境。而且，设计方面，不像其他材料需要设计接口。

桂离宫中的茶室 有着日本建筑所独有的韵味。

　　但是，建造泥土墙的费时费力在建筑施工中是数一数二的。例如，完成上等的土墙房，正如"来回涂抹二十四次"所说的那样，需要进行二十四道精细作业。

　　为了让底层、中层、上层工程都完全干燥，不仅须花费技术，还要花费时间以及成本，因此现实中需求量剧减也是可以理解的。

　　当然那些具备简单、迅速、便宜等特性的事物，受大众欢迎也就不足为奇了。

　　此外，日本也传承了其他有着悠久历史文化传统的技术。

　　如果所有的建筑都停止使用糨糊、订书机，而被便宜、快速、不费精力的方法牵着鼻子走，那么那些珍贵的传统建筑风格以及技术就会渐渐消失。

泥瓦匠在弧形墙壁以及天花板涂抹上灰浆的室内 内外角接合处被涂抹得天衣无缝，非常美观。

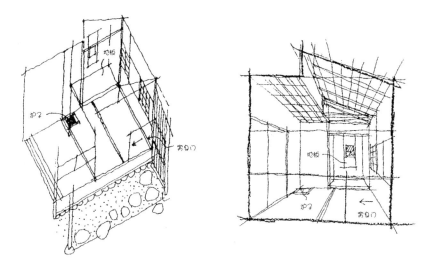

待庵的俯视图与剖面透视图 虽是只有两张榻榻米大小的茶室，但是严谨的氛围说明，空间的优劣并非取决于面积的大小。

　　值得注意的是，如今生活中事物的价值观，很少会受美学和历史观的支配。几乎所有的事物都是由能否赚钱这一经济性视角以及合理性来决定的。

　　我觉得将这个现状置于我们脑海中，是我们在建造住宅之际的小小义务和责任。

后记

我在设计和教书育人这两个行业工作了三十余年。

一般认为建筑设计是"始于住宅，也终于住宅"。而我深深感受到，即使历经数十年，住宅设计也仍旧是一件难事。

我从学生时代便开始调查日本的古老村落，无论走到哪里，都能受到热情的款待。曾经，我们也生活在充满人情味的居住环境中。但是近年来，经过观察我们周围的居住环境，深感这些街道的冷漠。

大家只关心自己的住宅，以及个人住宅的所在地。我认为这种现象与地域交流淡薄有着千丝万缕的关系。

放眼我们周围的住宅，不知节制地想要实现所有欲望的住宅，真的是数不胜数。

我想让大家明白，设计不仅仅是装饰。有时什么也不用去做，保持原态置身其中，也是一种非常了不起的设计。

幸运的是，我的感受不止于这种感叹。我们已渐渐从节省各项开支的住宅，即只要能居住就行的住宅要求中脱离出来，开始追求优质、舒适的住宅环境。追求住宅"质量"的时代已经到来，这真是一件可喜可贺的事情。

如果我们每个人对自己的住宅以及周围寄予些许关心，我们就有可能获得安全、美观的居住环境。我真诚地盼望着这一天的到来，所以写下了这本书。

最后，我要向学艺出版社的京极迪宏社长和编辑部知念靖广先生，表示衷心的感谢，感谢他们从各个方面给予我的大力支持。

2005 年 2 月

中山繁信